U0040152

數学ガール

日本暢銷科普作家
結城浩 著

前師範大數學系教授兼主任
洪萬生 審訂

衛宮紘 譯

數+學=(女×孩)

獻給你

　　本書中收錄了各式各樣的題目，從簡單到小學生都懂的問題，到連大學生也覺得困難的問題。

　　登場人物們的思考途徑，有些是以文字及圖像來表達，有些則是以數學式來表現。

　　當碰到無法理解意義的數學式，請先概略有個印象即可，專心投入故事當中，蒂蒂會與你一同弄清楚。

　　擅長數學的人在享受劇情之際，不妨配著數學式，閱讀故事。如此一來，便可以體會到潛藏於故事背後的樂趣。

C O N T E N T S

第 9 章　泰勒展開式與巴塞爾問題　　　　217

第 10 章　分拆數　　　　263

序章

不可以光是記憶。

不可以無法回憶。

——小林秀雄

我無法忘記。

我完全無法忘記高中時代那兩位經由數學認識的女孩。

用那優雅解法令我心服口服的才女——米爾迦。

會認真提出疑問的活潑少女——蒂蒂。

每當想起那段時光，我心中總會浮現數學式，湧現靈活生動的點子。數學式即便跨越時空的隔閡也絲毫不褪色，向我展現歐幾里得（Euclid）、高斯（Carl Gauss）與歐拉（Leonhard Euler）等數學家的靈光一閃。

——數學超越了時空。

閱讀數學式的同時，我也獲得了過去數學家體會到的感動，即使這些在數百年前就已經證明完畢，但這分循著邏輯獲得的感動，確實存在於我的心中。

——用數學超越時空。

如同深入叢林尋找隱藏的寶藏，數學就像是令人興奮的遊戲，是以最佳解法為目標的智力競爭，是令人怦然心動的戰鬥。

　　自那時起，我便開始使用名為數學的武器——但那武器的力量過於強大，很多時候難以控制，就像自己不受拘束的年少輕狂，無法壓抑對她們的思念。

　　不可以光是記憶。

　　不可以無法回憶。

　　一切的開端，是高一那年的春天……

第 1 章

數列與規律

一、二、三，三即是一。
一、二、三，三即是二。
——大島弓子《綿之國星》

1.1　櫻花樹下

——高一那年春天。

開學典禮那天陽光普照。

美麗的櫻花盛開——每個人都邁出嶄新的一步——在這傳統的校舍裡——努力讀書跑跳——少年易老學難成——。

校長的演講不斷誘導我進入夢鄉，我一邊扶正眼鏡，一邊忍住打哈欠的衝動。

開學典禮結束後，返回教室的途中，我悄悄離開校舍，一腳踏進學校後面並排的櫻花樹道，在空無一人的路上漫步。

我現在 15 歲。15、16、17……畢業的時候就 18 歲了，會經過一個 4 的倍數，還有一個質數。

$$15 = 3 \cdot 5$$
$$16 = 2 \cdot 2 \cdot 2 \cdot 2 = 2^4 \qquad \textbf{4 的倍數}$$
$$17 = 17 \qquad \textbf{質數}$$
$$18 = 2 \cdot 3 \cdot 3 = 2 \cdot 3^2$$

現在，教室裡的學生肯定在做自我介紹。我不擅長自我介紹，不曉得可以說些什麼與自己有關的。

「我喜歡數學，興趣是推演數學式，請大家多多指教。」

這會讓大家目瞪口呆吧。

唉，算了。就像國中時一樣靜靜地聽課，在沒有人會來的圖書室裡，度過三年推演數學式的日子吧。

眼前出現了一棵格外巨大的櫻花樹。

一位少女站著仰望這棵櫻花樹。

她大概是新生，是跟我一樣偷跑出來的嗎？

我也抬頭望向櫻花樹，不甚鮮明的色調覆蓋著天空。

一陣風吹來，飛舞的櫻花團團圍住了少女。

少女看向我。

她有一副高挑的身材、烏黑的長髮。

抿嘴認真的臉上，戴著金屬框眼鏡。

她用清楚的聲音說道：

「1、1、2、3。」

1　1　2　3

少女唸完四個數字後，閉上嘴巴並指向我，宛若在說：「嗯，那邊的你，回答下一個數字。」

我用手指向自己。（要我回答？）

少女默默點頭，食指仍舊指著我。

究竟是怎麼一回事？只是走在櫻花樹道而已，為什麼必須回答猜數字的遊戲？嗯……答案是什麼來著？

「1、1、2、3、……」

嗯哼。原來如此，我懂了。

「1、1、2、3 的後面是 5，接著是 8，再來是 13，然後是 21，接下來是……」

少女將手心朝向我，示意我停下來。

這次唸出別的問題，同樣是四個數字。

$$1 \quad 4 \quad 27 \quad 256$$

少女又用手指向我。

這是測驗嗎？

「1、4、27、256、……」

我瞬間就找到了規則。

「1、4、27、256，再來是 3125 吧。接著是……我心算不出來。」

少女對回答「沒辦法心算」的我深鎖眉頭，搖了搖頭，告訴我答案。

「1、4、27、256、3125、46656、……」聲音十分清晰。

然後，少女閉上了眼，如方才仰望櫻花樹般微微抬起頭，倏地用食指指向空中比劃。

這位少女仍舊唸著數字，雖然只是單純地排列數字、做著微小的動作而已，但我的目光卻離不開這位奇特的女孩。她到

底想做什麼——？

她看向我這邊。

6　15　35　77

又是四個數字。

「6、15、35、77、……」

有點困難。我全力運轉腦袋，6、15 是 3 的倍數，但 35 不是；35、77 是 7 的倍數……如果可以寫在紙上，應該很快就能解開。

我偷瞄一下櫻花樹下的少女，她挺直站著，一臉認真地看著我，完全不理會頭髮上沾黏的櫻花。如此認真的態度，果然是測驗嗎？

「我知道了。」

我才剛說完，少女的眼睛就為之一亮，微微笑了起來。這是我第一次看見她的笑容。

「6、15、35、77 之後是 133。」我不禁提高聲量。

少女搖搖頭，一副「真拿你沒辦法」的表情。長髮擺動，櫻花花瓣隨之飄落。

「計算錯誤。」女孩用手指頂了一下眼鏡。

計算錯誤……唔，的確如此，$11 \times 13 = 143$ 才對，不是 133。

少女繼續提問：

6　2　8　2　10　18

這次是六個數字，我稍微思考了一下，最後的 18 真令人頭痛，若是 2 就好了。看起來像是沒有意義的數字……不，全都是偶數嗎？……我懂了！

「接著是 4、12、10、6、……真是個難題。」我說道。

「會嗎？但是，你不是解出來了嗎？」

她一臉若無其事地說完，然後走到我面前伸出一隻手。她的手指相當細長。

（是要握手嗎？）

我在搞不清楚的狀況下跟她握了手，她的手好軟，而且非常溫暖。

「我是米爾迦，請多指教。」

這就是我與米爾迦的邂逅。

1.2　自家

夜晚。

我喜歡夜晚。家人沉睡後，我就有了很多自由時間，在沒有任何人會打擾的世界，只有我獨自一人。攤開書本探索數學世界，深入叢林裡發現稀有動物、極為澄淨的湖水、雄壯到需要抬頭仰望的巨木，邂逅意想不到的美麗花朵。

米爾迦。

明明是第一次見面，卻聊了數學話題的怪人，她肯定很喜歡數學吧。在完全沒有任何前置說明下，突然拋出宛若測驗的數列謎題。我合格了嗎？回想起跟她的握手，柔軟的手飄散微微的香氣，淡淡的——女孩的香氣。

女孩。

我摘下眼鏡放到桌上，閉上眼睛回想與米爾迦的對話。

一開始的問題 1、1、2、3、5、8、13、……是**費氏數列**（Fibonacci numbers）。在 1、1 之後，下一個數是相加前面兩個數。

$$1,\ 1,\ 1+1=2,\ 1+2=3,\ 2+3=5,\ 3+5=8,\ 5+8=13,\ \ldots$$

下一道問題 1、4、27、256、3125、46656、……是

$$1^1,\ 2^2,\ 3^3,\ 4^4,\ 5^5,\ 6^6,\ \ldots$$

也就是一般項為 n^n 的數列。我能夠心算到 4^4、5^5，但 6^6 就沒辦法了。

下一道問題 6、15、35、77、143、……是

$$2\times 3,\ 3\times 5,\ 5\times 7,\ 7\times 11,\ 11\times 13,\ \ldots$$

也就是「質數×下一個質數」的數列。11×13 計算錯誤是我的失誤，米爾迦斬釘截鐵地指正：「計算錯誤。」

最後的問題 6、2、8、2、10、18、4、12、10、6、……相當困難，這是十進制展開**圓周率** π 各個位數兩倍後的數列。

$\pi = 3.141592653\cdots$　　　　　　　**圓周率**

$\rightarrow$　　$3,1,4,1,5,9,2,6,5,3,\ldots$　　　**各個位數**

$\rightarrow$　　$6,2,8,2,10,18,4,12,10,6,\ldots$　　**各個位數乘以 2**

這問題得熟記圓周率 $3.141592653\cdots\cdots$的各個位數，才有辦法回答，如果沒有記住規律，根本解不開。

記憶。

我喜歡數學，因為比起記憶，數學更重視思考。數學並非回想舊的記憶，而是拓展新的發現。記憶性的東西，如人名、地名、單字、元素符號等，只能死背沒有其他方法。然而數學不一樣，問題條件的設定就像桌上排好的材料和工具，勝負的關鍵不是記憶而是思考。

……我是這麼認為的。

但是，或許沒有那麼單純。

於是我注意到，為什麼米爾迦拋出「6、2、8、2 問題」時，沒有只說 6、2、8、2 而是說 6、2、8、2、10、18？因為只說 6、2、8、2，答案未必是各個位數的兩倍，有可能是其他更為簡單的解答。比如，若問題是 6、2、8、2、10、……，自然會想到下面的數列吧，也就是各項中間插入 2 的偶數數列。

$$6, 2, 8, 2, 10, 2, 12, 2, \ldots$$

米爾迦是考慮到這種情況才出題的吧。

「但是，你不是解出來了嗎？」

她猜到我能夠解開。我回想起她一臉若無其事的表情。

米爾迦。

在春天的陽光下，櫻花飛舞的風中，不遜於這幅風景的她就站在那裡，搖曳的黑髮、如同指揮家般細長的手指、那雙溫暖的手與淡淡的香氣。

不知為何，我的腦海裡盡是她的倩影。

1.3　數列謎題沒有標準解答

「吶，米爾迦。為什麼那個時候妳要出數列謎題啊？」我問道。

「那個時候？」她停下手邊的計算並抬起頭。

這裡是圖書室，清爽的風從敞開的窗戶吹進室內，窗外可見梧桐樹的茂綠，遠方操場隱約傳來棒球社練習的聲音。

現在是五月。

新學校、新教室、新同學的新鮮感逐漸淡薄，開始過起平淡無奇的日常生活。

我沒有參加任何社團，是所謂的回家社。話雖如此，我放學後並不會立刻回家。班會結束後，我通常會前往圖書室，獨自推演數學式。

跟國中時期一樣，我沒有參加社團，而是放學後待在圖書室（國中稱為圖書間）裡，有時看書，有時望著窗外的茂綠，有時預習或複習功課。

其中，我最喜歡的還是推演數學式。在筆記本上重新構築課堂上出現的公式、根據給予的定義推導列出公式、變形定義舉出實例、享受定理的變化、思考證明方式……我喜歡在筆記本上做這些事情。

我不擅長運動，也沒有一起玩的朋友，最大的樂趣就是一個人面對筆記本。雖然寫數學式的是我，但並不是隨便我怎麼寫，而是有一定的規則。存在規則本身就算是一種遊戲，沒有比這更嚴謹、更自由的遊戲了。這是歷史上數學家們都挑戰過的遊戲，只要有一支自動鉛筆、一本筆記本和自己的腦袋就能進行。我非常熱衷於數學。

所以，即使升上高中，我也打算享受獨自一人待在圖書室

的樂趣。

然而，現實跟預期有些不同。

待在圖書室的學生不只有我一個。

米爾迦。

她是我的同班同學，每三天會有一天放學後待在圖書室。

看到我一個人在計算，她就會從我手中拿走自動鉛筆，擅自在筆記本上書寫起來。我得聲明一下，這本筆記本是我的，不知該說她旁若無人還是不受拘束……

但是，我並不討厭她這樣做，她分享的數學話題雖然困難，但很有趣、很刺激，而且──

「那個時候是指什麼時候？」米爾迦用（我的）自動鉛筆輕輕抵著太陽穴問道。

「就是第一次見面的時候，在櫻花樹下──」

「啊，那個啊。沒什麼理由，只是剛好想到罷了。怎麼突然問起這個？」

「沒有，突然想到而已。」

「喜歡那種謎題嗎？」

「嗯，不討厭。」

「嗯哼……那你知道『數列謎題沒有標準解答』嗎？」

「什麼意思？」

「比如 1、2、3、4、……你認為下一個數是什麼？」米爾迦問道。

「當然是 5 吧。1、2、3、4、5、……這樣下去。」

「但是未必是如此。比如說，1、2、3、4 突然增加到 10、20、30、40，再增加到 100、200、300、400……也有這樣的數列。」

「這樣太狡猾了。一開始只說四個數，後面『突然增

加』，誰能猜得到 1、2、3、4 的後面是 10 啊。」我說道。

「是嗎？那麼，要說出幾個數才行？若數列**無限**延續下去，要說到第幾個才能曉得後面的數呢？」

「『數列謎題沒有標準解答』是這個意思啊，給予的數後面可能大幅度改變規律。不過，1、2、3、4 後面突然接 10，這問題也太亂來了吧。」

「世上的事情不就是這麼一回事嗎？不曉得後面會發生什麼事，跟預想的不一樣。對了，你知道這個數列的一般項嗎？」

米爾迦邊說邊在筆記本寫出數列。

$$1,\ 2,\ 3,\ 4,\ 6,\ 9,\ 8,\ 12,\ 18,\ 27,\ \dots$$

「嗯……好像知道又好像不知道……」我說道。

「看到 1、2、3、4 會覺得後面應該接 5，但卻不是 5 而是 6。樣本太少會找不出規則，看不見真正的規律。」

「嗯哼。」

「看到 1、2、3、4、6、9 會覺得後面應該愈來愈大，但實際上卻相反，9 的下一個是比較小的 8。原本覺得數列會逐漸增長卻突然反轉，你能看出它的規律嗎？」

「嗯……除了一開始的 1 以外，出現的都是 2 和 3 的倍數，但變小的部分就不太瞭解了。」

「比如，答案可能是

$$2^0 3^0,\ 2^1 3^0,\ 2^0 3^1,\ 2^2 3^0,\ 2^1 3^1,\ 2^0 3^2,\ 2^3 3^0,\ 2^2 3^1,\ 2^1 3^2,\ 2^0 3^3,\ \dots$$

……像這樣以 2 和 3 的指數來思考，就可以看出結構了。」

「唉？我還是不太明白。0 次方是 1，

$$2^0 3^0 = 1, \ 2^1 3^0 = 2, \ 2^0 3^1 = 3, \ \ldots$$

確實像是給予的數列，但⋯⋯」

「嗯哼，寫出指數還是不明白嗎？那麼，這樣整理出來吧。」

$$\underbrace{2^0 3^0}_{\text{指數的和是 } 0}, \ \underbrace{2^1 3^0, \ 2^0 3^1}_{\text{指數的和是 } 1}, \ \underbrace{2^2 3^0, \ 2^1 3^1, \ 2^0 3^2}_{\text{指數的和是 } 2}, \ \underbrace{2^3 3^0, \ 2^2 3^1, \ 2^1 3^2, \ 2^0 3^3}_{\text{指數的和是 } 3}, \ \ldots$$

「⋯⋯原來如此。」

「說到 2 和 3 的倍數——」米爾迦說到一半。

此時，圖書室的門口傳來呼喊她的聲音。

「吶，差不多該去練習鋼琴了！」

「啊，今天是練習的日子啊。」

米爾迦把自動鉛筆還給我，朝著站在門口的女孩走去。在走出圖書室之前，她轉頭向我說道：

「以後再跟你分享『如果世界上只有兩個質數』這個有趣的話題吧。」

她離開了圖書室，留下我一個人。

如果世界上只有兩個質數？

到底怎麼回事？

第 2 章

名為數學式的情書

我的心裡只有你

——萩尾望都《ラーギニー》

2.1 校門口

升上高二後，學年標誌從 I 變成 II。今天如同昨日一般沒有變化——直到今天早上，我都是這麼認為的。

「請、請收下這個！」

四月底，升高二過了一個月的某個陰天早上，我在校門口被一位女孩叫住。

她向我伸出的雙手中有一封白色的信，我糊里糊塗收下了信。這位女孩行了禮後，就往校舍跑去。

她的身高比我矮很多，我不記得見過她，大概是不久前入學的新生吧。我急忙將信收入口袋，走向自己的教室。

上次收到女孩的信是在小學的時候，當時因為感冒請假，身為班長的女孩將作業和寫著「大家都在等你，要趕快好起來

回學校上課哦！」的信送到家裡……那只是單純的聯絡事項。

　　如同米爾迦說過的「不曉得後面會發生什麼事」，今天未必如同昨日一樣沒有變化。

　　口袋裡的那封信，在課堂中不斷搔動著我的心。

2.2　心算謎題

　　「出個心算問題哦。1024 的因數有幾個？」

　　現在是午休時間，我正想將女孩的信拿出來的時候，米爾迦咬著巧克力棒走到我的位子旁問道。這所高中不會換班，所以升上高二後米爾迦和我還是同班。

　　「心算？」我把信放回口袋。

　　「我數到 10 之前回答。0、1、2、3……」

　　等一下。1024 的因數……能夠整除 1024 的數，1 可以、2 可以、3 不行，1024 不能被 3 整除，4 可以。啊，對了！1024 是……我急忙地計數。

　　「……9、10，時間到。幾個？」

　　「11 個，1024 的因數有 11 個。」

　　「正確，你是怎麼算的呢？」米爾迦舔了舔沾上巧克力的手指，等著我回答。

　　「1024 質因數分解後是 2 的 10 次方。換句話說，1024 會是這樣的形態。」我說道。

$$1024 = 2^{10} = \underbrace{2 \times 2 \times 2 \times 2 \times 2 \times 2 \times 2 \times 2 \times 2 \times 2}_{2 \text{ 有 } 10 \text{ 個}}$$

　　我繼續說：「1024 的因數能夠整除 1024，肯定會是 2^n 的形式且 n 是 1～10。因此，1024 的因數會是下面的 11 個數。」

$$2^0, \quad 2^1, \quad 2^2, \quad 2^3, \quad 2^4, \quad 2^5, \quad 2^6, \quad 2^7, \quad 2^8, \quad 2^9, \quad 2^{10}$$

聽完我的回答，米爾迦點了點頭，「沒錯。那麼，下一道問題：將 1024 的因數全部加起來，總和會是——」

「米爾迦，抱歉。中午我有點事，以後再聊……」我說完後站了起來。

我不顧話題被打斷明顯露出不愉快表情的米爾迦，走出教室。

打斷話題好像不太好。1024 的因數和嗎？我走向屋頂，同時思考著答案。

2.3 信

午休時屋頂上沒有什麼人，可能是天氣不太好的緣故吧。

信封裡裝著白色的信紙，上頭橫寫著漂亮的鋼筆字跡。

> 我是今年春天入學的蒂蒂，跟學長畢業於同一所國中，是小你一屆的學妹。因為想要跟學長討論學習數學的事情，所以寫了這封信。
>
> 雖然我對數學有興趣，但從國中開始就不擅長數學。聽說升上高中，數學會變得更加困難，所以我希望能克服這個問題。
>
> 非常抱歉在你忙碌的時候打擾了，希望能夠有機會向你求教。今天放學後，我會在階梯教室裡等你。
>
> 蒂蒂

我反覆閱讀這封信四次。

原來她叫作蒂蒂——摩諾・迪・德莉・蒂蒂，是同一所國

中的學妹，我完全沒印象。不擅長數學的學生確實很多，新生就更不用說了吧。

先不管這些，這封信也屬於聯絡事項嘛。雖然有點失望，但這樣也好。

放學後在階梯教室見面啊。

2.4　放學後

「——算出來了嗎？」

整日的課程全部結束後，就在我準備前往階梯教室時，米爾迦突然問道。

「2047。」我立刻回答，1024 的因數和是 2047。

「因為有很多思考時間嘛。」

「是啊。那明天見。」

「去圖書室嗎？」米爾迦的眼鏡閃爍了一下。

「不，今天不會去。突然有點急事。」

「嗯哼……這樣的話，出個回家作業吧。」

米爾迦的回家作業

試說明如何計算正整數 n 的「因數和」。

「這是要使用 n 表達因數和的數學式嗎？」我問道。

「不，只要說明計算步驟就行了。」

2.5　階梯教室

「對、對不起，找你出來……那個……」

走進階梯教室後，就看到蒂蒂一個人緊張地等著，胸前還抱著筆記本和鉛筆盒。

「我、我想找學長商量，但又不知道該怎麼辦。聽朋友說這間教室會比較方便……」

這間階梯教室得從主校區繞過小小的中庭才能到達，主要是用來上物理和化學課，整間教室的配置呈現階梯狀，容易觀摩教師在最低階的講台操作實驗。

蒂蒂和我坐到最後一排的座位上，我從口袋拿出今天早上的信。

「我看過這封信了，但不好意思，我不太記得妳。」

她的右手在面前左右揮動。

「沒關係的，我也不覺得你會記得我。」

「不過，為什麼妳會認識我？我在國中時應該不怎麼顯眼吧。」沒參加社團、放學後還待在圖書間的男生，不太引人注目才對。

「嗯……不，學長很有名哦——我、那個……」

「唉，算了。然後，妳說想討論不擅長數學的事情，可以說明得詳細一點嗎？」

「啊，好的。謝謝你……我小學的時候覺得算數問題很有趣，但升上國中後，不管是上課還是看課本，漸漸覺得『我可能沒有確實理解』。到了高中之後，老師又說數學很重要，必須好好學習。我也想要努力學習，所以得想辦法解決『沒有確實理解的感覺』。」

「原來如此。那麼，妳因為『沒有確實理解的感覺』，考

試成績不好嗎？」

「不，也不是這樣……」

蒂蒂將拇指指甲靠到嘴唇邊，開始思考，她擁有一頭短髮跟骨碌碌轉動的雙眼，給人活潑小動物的印象，該說是像松鼠還是像小貓呢？

「如果像段考一樣有明確範圍的考試，就沒有太大的問題，但沒有範圍的模擬考，有時會考得很差，分數落差非常大。」

「上課呢？有聽懂老師的講解嗎？」

「上課啊……我認為自己有明白內容，但……」

「但卻產生沒有確實理解的感覺？」

「是的，沒有確實理解的感覺。多多少少能夠解題，上課也好像大致明白，但實際上沒有確實理解。」

2.5.1　質數的定義

「我再問得更具體一點，妳知道**質數**嗎？」

「嗯，應該知道。」

「應該知道啊。那妳說說看質數的定義，回答『**什麼是質數？**』不使用數學式，以文字描述就行了。」

「什麼是質數？嗯……像是 5、7 之類的？」

「嗯。5、7 是質數沒有錯，但 5、7 只是質數的例子，『舉例』不是『定義』，什麼是質數？」

「啊，好的。質數是……『只有 1 和自己本身能夠整除的數』嘛。這點數學老師叫我們一定要背起來，所以我還記得。」蒂蒂點頭說道。

「換句話說，妳認為下述定義是正確的囉？」

「當正整數 p 只能夠被 1 與 p 整除，p 稱為質數」（？）

「嗯，我覺得是正確的。」

「不，這個定義不對。」

「哎！但是，像 5 是質數，只有 1 和 5 能夠整除啊。」

「嗯，5 是質數沒錯。但是，根據這個定義，1 也會是質數。因為 p 等於 1 時，符合 p 只能被 1 與 p 整除，但 1 並不包含在質數內。最小的質數是 2，將質數由小到大排列，會如下從 2 開始列出。」

$$2, \quad 3, \quad 5, \quad 7, \quad 11, \quad 13, \quad 17, \quad 19, \quad \ldots$$

我繼續說：「所以，上面的定義不對。質數的正確定義應該像這樣在後面加上條件。」

「當正整數 p 只能夠被 1 與 p 整除，p 稱為質數，<u>但 1 除外</u>。」

「或者在開頭加上條件來定義。」

「<u>大於 1 的整數</u> p 只能夠被 1 與 p 整除時，p 稱為質數。」

「條件也可以寫成數學式。」

「整數 $p>1$ 只能夠被 1 與 p 整除時，p 稱為質數。」

「1 不是質數……老師的確是這樣教的。我明白學長所寫的定義了，但……」

蒂蒂突然抬起頭。

「我明白質數不包含 1，但——我還是不能認同。為什麼質數不包含 1 呢？不能夠包含進去嗎？我不明白質數不包含 1 的 rationale。」

「rationale？」

「就是正當的理由、原理的說明、理論的根據。」

嘿——這女孩也瞭解認同理由的重要性啊。

「學長？」

「啊，抱歉。為什麼質數不包含 1？理由很簡單，因為**質因數分解的唯一性。**」

「質因數分解的唯一性？唯一性是什麼？」

「質因數分解的唯一性是指，某正整數 n 的質因數分解只有一種。比如，24 的質因數分解只有 $2 \times 2 \times 2 \times 3$ 一種。啊，這邊不考慮質因數的順序，$2 \times 2 \times 3 \times 2$、$3 \times 2 \times 2 \times 2$ 等，雖然順序不同，但視為相同的質因數分解。質因數分解的唯一性是數學上的重要性質，為了遵守這項性質，會定義 1 不包含於質數中。」

「為了遵守質因數分解的唯一性？可以這樣擅自定義嗎？」

「可以喔。雖然說擅自有點誇張……數學家找出有助於建構數學世界的數學概念後，會為概念命名，這就是定義。只要清楚規定概念，就算是合格的定義。所以，如同妳所說的，是有可能定義質數包含 1，但能夠定義與定義派不派得上用場是兩回事。在質數包含1的定義下，會失去質因數分解的唯一性。話說回來，妳知道質因數分解的唯一性嗎？」

「嗯，知道——吧。」

「嗯……為什麼說『吧』？妳必須確定自己是否理解才行。」我特別強調了「自己」。

「要怎麼確定自己是否理解呢？」

「比如，舉出適當的例子來確定是否理解，『舉例為理解

的試金石』。雖然舉例並非定義，但適當舉例是不錯的練習哦。」

「試舉質數包含 1 時，質因數分解的唯一性不成立的例子」

「這樣嗎？如果質數包含 1，則 24 的質因式分解會像這樣有很多種……」

$$2 \times 2 \times 2 \times 3$$
$$1 \times 2 \times 2 \times 2 \times 3$$
$$1 \times 1 \times 2 \times 2 \times 2 \times 3$$
$$\vdots$$

「嗯，是的。這是質因數分解的唯一性不成立的例子。」

我的話讓蒂蒂鬆了一口氣。

「但表達方式與其說『很多種』，不如用『多個』或者『2 個以上』會更好。因為──」

「──因為比較嚴謹？」蒂蒂馬上接下去。

「沒錯。『很多種』的表達不夠嚴謹，畢竟不曉得幾個以上算是很多。」

「學長……我覺得自己也要整理一下腦袋才行。關於『定義』『舉例』『質數』『質因數分解』『唯一性』……還有嚴謹的表達，數學相當重視用詞嘛！」

「沒錯！妳很聰明。數學相當重視用詞。為了盡可能避免誤會，數學的用字遣詞很嚴謹。而最嚴謹的語言就是數學式。」

「數學式……」

「我們來討論數學的語言──數學式的話題吧。因為要用到黑板，我們到教室前面吧。」

　　我先走下教室的階梯，蒂蒂跟在後頭，才剛走下幾個階梯就聽到一聲「呀」，接著，我的背就感受到強烈的衝擊。

　　「哇！」

　　「對、對不起！」

　　蒂蒂沒有踏穩階梯，撞向了我的背部。我奮力站穩腳步，險些就要兩個人一起摔倒了。真危險。

2.5.2　絕對值的定義

　　「那麼，妳知道**絕對值**嗎？」我們面向黑板並排站著。

　　「嗯，應該知道。5 的絕對值是 5，－5 的絕對值也是 5，去掉負號就行了嘛。」

　　「嗯……那麼，我用數學式寫出 x 的絕對值定義。以下妳能夠認同嗎？」我在黑板上列式。

絕對值 $|x|$ 的定義

$$|x| = \begin{cases} x & (x \geq 0 \text{ 的情況}) \\ -x & (x < 0 \text{ 的情況}) \end{cases}$$

　　「啊……對了，看到這個我就想到一個問題。x 的絕對值應該要把負號拿掉，為什麼還會出現 $-x$ 呢？」

　　「『把負號拿掉』的說法在數學上會出現歧義。我能夠理解妳的意思，大致上也沒有錯誤。」

　　「那麼，說成『把負的變成正的』呢？」

　　「這樣也會出現歧義。比如，$-x$ 的絕對值為何？」我在黑板上列式。

$$|-x|$$

「因為要把負號拿掉 $|-x|=x$，答案是 x 嘛。」

「不對。比如，$x=-3$ 呢？」

「哎？$x=-3$……」蒂蒂在黑板上推算。

$$|-x| = |-(-3)| \qquad 因為 \ x=-3$$
$$= |3| \qquad\qquad 因為 -(-3)=3$$
$$= 3 \qquad\qquad 因為 |3|=3$$

「若如妳所說 $|-x|=x$，則 $x=-3$ 時得是 $|-x|=-3$，但實際上卻是 $|-x|=3$，也就是 $|-x|=-x$。」

聽著我的說明，看著黑板上的式子，蒂蒂仔細思索起來。

「啊！對哦。x 本來就是負的情況，必須添加新的負號才會變成正。一看到 x 就會不自覺地代入 3、5 等正數。」

「是的。文字 x 前面沒有任何符號，通常不會想到 x 等於 -3 等負數，但這卻很重要。特別使用文字 x，就是為了即便不用具體舉許多數的例子，也可以定義 x 的絕對值。『絕對值就是把負號拿掉』的說法太過籠統，必須進一步注意條件才行。若是運氣不好，可能必須嚴謹思考到令人覺得是在挑毛病的程度。但習慣這樣嚴謹思考後，就能習慣數學式，甚至是數學。」

蒂蒂在最前排找了個座位坐下，一邊用手指撥弄筆記本邊緣，一邊安靜思考。

我耐心等待她開口說話。

「我的國中生活該不會都浪費掉了吧？」

「怎麼說？」

「我勉強稱得上是認真學習，但……並沒有很嚴謹細讀課本裡的定義和數學式。……我的數學肯定唸得隨便又馬虎。」

她深深嘆了一口氣，表現出一副很失望的樣子。

「吶。」我說道。

「哎？」蒂蒂看向我。

「如果妳真的這麼想，從現在開始努力不就行了？過去的已經過去，但妳可以把握當下，將現在注意到的事情活用到未來。」

蒂蒂突然雙眼圓睜，隨即站了起來。

「是、是啊！後悔過去的事情也沒用，不如活用到未來——的確就像學長所說的。」

「嗯，今天就到這邊吧。時間也晚了，剩下的下次再講解。」

「剩下的？」

「嗯。我放學後基本上都待在圖書室，如果有什麼想問的，直接來找我就可以了，蒂蒂。」

她的眼神瞬間發出光采，高興地露出微笑。

「好的！」

2.6　回家路上

「哎呀……下雨了。」

剛走出校舍門口，蒂蒂望向天空，發現烏雲密布，開始下起雨來。

「妳沒帶傘嗎？」

「雖然有看天氣預報，但早上出門太匆忙就忘了……不過沒事的，只是一場小雨，用跑的就行了！」

「這樣到車站前會淋濕喔。反正順路，我的傘也夠大，就一起走吧。」

「不好意思……謝謝學長。」

這是我第一次跟女孩子共撐一把傘吧。我們漫步在柔和的春雨中，雖然一開始有些彆扭，但我配合著她的步伐逐漸平靜下來。街道一片寧靜，城市的喧囂彷彿被這陣雨吸收了。

今天跟她聊了很長一段時間，感覺相當愉快。這樣仰慕自己的學妹很可愛，和蒂蒂說話也很輕鬆，從她的表情就可知道是否有聽懂。

「為什麼學長馬上就知道呢？」

「知道什麼？」

「不，怎麼說……今天的談話，為什麼學長會知道我哪邊不懂呢？」

啊——嚇死人，我還以為蒂蒂會心電感應。

「今天的話題——質數、絕對值，我也曾經抱有疑問。學習數學時，會為不懂的地方感到困擾，思考了好幾天、讀了很多書後，有天突然發現『啊，原來如此！』這是令人高興的體驗。不斷累積這樣的體驗後，才逐漸喜歡上數學，變得比以前更熟練——啊，在前面轉角轉彎吧。」

「轉角是——『The Bend in the Road』嘛……這條路可以到車站嗎？」

「嗯，在這邊轉彎，然後穿過住宅區，會比較快到車站。」

「會比較快到嗎？」

「是啊，早上從這裡走會比較快喔。」

喔，蒂蒂的速度突然慢了下來，是我走太快了嗎？配合女生的步伐果然不容易。

車站到了。

「那麼,我接下來要去書店,就在這裡說再見。對了,雨傘借給妳吧。」

「啊,就到這裡嗎⋯⋯?嗯⋯⋯那個⋯⋯」

「嗯?」

「不⋯⋯沒什麼事。雨傘我收下了,明天就會還給你,今天真的很謝謝學長。」

蒂蒂將雙手放在前面,深深低頭行禮。

2.7　自家

夜晚。

我在房間裡回想今天與蒂蒂的互動,她既坦率又積極,想必日後會不斷進步吧。要是她能夠體會推演數學式的樂趣就好了。

和蒂蒂談話時,我是站在教導者的立場。這跟與米爾迦的談話有很大的不同,我總是被米爾迦牽著鼻子走,應該說我是被教的一方吧。

說到米爾迦,她還出了「回家作業」。竟然是同班同學出回家作業給我啊⋯⋯

> **米爾迦的回家作業**
> 試說明如何計算正整數 n 的「因數和」。

這題只需要找出 n 的所有因數,再把它們相加起來就是「因數和」,但這樣回答未免太過無趣,再更進一步思考答案吧。嗯⋯⋯試著將整數 n 質因數分解。

以午休提到的 $1024 = 2^{10}$ 為例，略經一般化討論。比如，以質數的**乘冪**表示 n：

$$n = p^m \qquad p \text{ 為質數，} m \text{ 為正整數}$$

$n = 1024$ 相當於上式 $p = 2$、$m = 10$ 的特殊情況，與列舉 1024 因數相同的思維討論，則 n 的因數如下：

$$1, p, p^2, p^3, \ldots, p^m$$

所以，$n = p^m$ 時，n 的「因數和」求法如下：

$$(n \text{ 的因數和}) = 1 + p + p^2 + p^3 + \cdots + p^m$$

這樣一來，可得知整數 $n = p^m$ 的因數和。

剩下再更一般化討論就行了……嗯，沒有想像中的困難，只要一般地寫出質因數分解即可。

正整數 n 通常可如下質因數分解，假設 p、q、r、……為質數，a、b、c、……為正整數。

$$n = p^a \times q^b \times r^c \times \cdots \times$$

等一下！等一下。使用英文字母沒辦法順利一般化表示，若指數部分使用 a、b、c、……表示，一下子就會到 p、q、r ……了。這樣數學式看起來會很混亂。

我希望像 $2^3 \times 3^1 \times 7^4 \times \cdots \times 13^3$ 那樣，寫成質數^{正整數}的乘積形式。

不如，這樣做吧。質數以 p_0、p_1、p_2、……、p_m 表示，而指數以 a_0、a_1、a_2、a_3、……、a_m 表示，像這樣**下標** 0、1、2、3、……、m，雖然數學式變得複雜，但能夠一般化表示。$m + 1$

在這邊為「質因數分解 n 時質因數的個數」。那麼，重來一次
……

　　正整數 n 通常可如下質因數分解。其中，p_0、p_1、p_2、
……、p_m 為質數，a_0、a_1、a_2、a_3、……、a_m 為正整數。

$$n = p_0^{a_0} \times p_1^{a_1} \times p_2^{a_2} \times \cdots \times p_m^{a_m}$$

n 具有上述結構時，n 的因數呈現如下的形式：

$$p_0^{b_0} \times p_1^{b_1} \times p_2^{b_2} \times \cdots \times p_m^{b_m}$$

其中，b_0、b_1、b_2、……、b_m 為如下的整數：

$$b_0 = 0, 1, 2, 3, \ldots, a_0 \qquad \text{的其中任一數}$$
$$b_1 = 0, 1, 2, 3, \ldots, a_1 \qquad \text{的其中任一數}$$
$$b_2 = 0, 1, 2, 3, \ldots, a_2 \qquad \text{的其中任一數}$$
$$\vdots$$
$$b_m = 0, 1, 2, 3, \ldots, a_m \qquad \text{的其中任一數}$$

　　嗯，全部列出來看起來相當複雜。簡單來說就是質因數維
持不變，藉由改變指數 0、1、2、……來形成因數。一般化通
常需要許多的文字來表達。

　　不過，一般化到這裡就簡單了，剩下只要將因數全部相加
起來就是因數和。

$$
\begin{aligned}
(n \text{ 的因數和}) =\ & 1 + p_0 + p_0^2 + p_0^3 + \cdots + p_0^{a_0} \\
& + 1 + p_1 + p_1^2 + p_1^3 + \cdots + p_1^{a_1} \\
& + 1 + p_2 + p_2^2 + p_2^3 + \cdots + p_2^{a_2} \\
& + \ldots \\
& + 1 + p_m + p_m^2 + p_m^3 + \cdots + p_m^{a_m} \qquad (?)
\end{aligned}
$$

嗯⋯⋯不對、不對。這樣不是「所有因數的總和」，而是因數中質因數乘冪形式的數字和。實際的因數會是下面的形式⋯⋯

$$p_0^{b_0} \times p_1^{b_1} \times p_2^{b_2} \times \cdots \times p_m^{b_m}$$

必須從質因數乘冪的所有組合，挑選出來相乘再加總起來。用文字敘述反而難以理解，不如利用式子展開寫成數學式吧。

$$
\begin{aligned}
(n\text{ 的因數和}) = {}& (1 + p_0 + p_0^2 + p_0^3 + \cdots + p_0^{a_0}) \\
& \times (1 + p_1 + p_1^2 + p_1^3 + \cdots + p_1^{a_1}) \\
& \times (1 + p_2 + p_2^2 + p_2^3 + \cdots + p_2^{a_2}) \\
& \times \cdots \\
& \times (1 + p_m + p_m^2 + p_m^3 + \cdots + p_m^{a_m})
\end{aligned}
$$

米爾迦回家作業的解答

將正整數 n 如下進行質因數分解：

$$n = p_0^{a_0} \times p_1^{a_1} \times p_2^{a_2} \times \cdots \times p_m^{a_m}$$

其中 p_0、p_1、p_2、⋯⋯、p_m 為質數，a_0、a_1、a_2、a_3、⋯⋯、a_m 為正整數。

此時，n 的「因數和」可由下式求得：

$$
\begin{aligned}
(n\text{ 的因數和}) = {}& (1 + p_0 + p_0^2 + p_0^3 + \cdots + p_0^{a_0}) \\
& \times (1 + p_1 + p_1^2 + p_1^3 + \cdots + p_1^{a_1}) \\
& \times (1 + p_2 + p_2^2 + p_2^3 + \cdots + p_2^{a_2}) \\
& \times \cdots \\
& \times (1 + p_m + p_m^2 + p_m^3 + \cdots + p_m^{a_m})
\end{aligned}
$$

不能再寫得簡潔一點嗎？嗯……我的答案正確嗎？

2.8　米爾迦的解答

「正確哦——雖然看起來很複雜。」

隔天，米爾迦看了我的答案後，很乾脆地下結論。

「沒辦法寫得更簡潔嗎？」我問道。

「可以。」米爾迦立刻回答：「首先，相加的部分可使用下式。假設 $1 - x \neq 0$……」米爾迦邊說邊在我的筆記本寫下

$$1 + x + x^2 + x^3 + \cdots + x^n = \frac{1 - x^{n+1}}{1 - x}$$

「啊，對喔。」我說道。這是**等比數列和**的公式。

「馬上就可以證明。」米爾迦說道。

$$1 - x^{n+1} = 1 - x^{n+1} \qquad \textbf{兩邊是相同的式子}$$

$$(1 - x)(1 + x + x^2 + x^3 + \cdots + x^n) = 1 - x^{n+1} \qquad \textbf{將左邊因式分解}$$

$$1 + x + x^2 + x^3 + \cdots + x^n = \frac{1 - x^{n+1}}{1 - x} \qquad \textbf{兩邊同除 } 1 - x$$

「這樣一來，你寫的乘冪和就全部變成分數了。然後，乘積的部分就用 $\prod$。」

「$\prod$ 是 π 的大寫……」我說道。

「是的。但這跟圓周率一點關係都沒有。$\prod$ 是 $\sum$ 的乘法版本，只是剛好乘積（Product）的開頭字母 P 對應希臘文字 $\prod$。同樣的，總和（Sum）的開頭字母 S 對應希臘文字 $\sum$。$\prod$ 的定義式會像是這樣。」米爾迦說道。

$$\prod_{k=0}^{m} f(k) = f(0) \times f(1) \times f(2) \times f(3) \times \cdots \times f(m) \qquad \textbf{定義式}$$

「使用了 $\prod$，乘積的部分即可簡化表示。」她說道。

米爾迦的解答

將正整數 n 如下質因數分解：

$$n = \prod_{k=0}^{m} p_k^{a_k}$$

其中，p_k 為質數、a_k 為正整數。

此時，n 的「因數和」可由下式求得：

$$(n \text{ 的因數和}) = \prod_{k=0}^{m} \frac{1 - p_k^{a_k+1}}{1 - p_k}$$

「原來如此，式子變短但文字變多。話說回來，妳今天會去圖書室嗎？」我問道。

「不會，今天要去英英那邊練習，她作了新曲子。」

2.9 圖書室

「學長你看，我把國中數學課本中的定義全部抄下來了，而且還自己試著舉出這些定義的例子哦。」

蒂蒂走向在圖書室算數學的我，笑著攤開筆記本。

「嘿……挺厲害嘛。」而且只花了一個晚上。

「我很喜歡做這個哦，就像製作單字本一樣。重新閱讀課本後我發現，算數和數學最大的不同點，在於式子有沒有使用

文字，對吧，學長？」

2.9.1 方程式與恆等式

「那麼，說到關於文字與數學式的話題，就來討論方程式與恆等式吧。妳解過這種**方程式**吧？」

$$x - 1 = 0$$

「嗯，有的。答案是 $x = 1$。」

「是的，方程式 $x - 1 = 0$ 這樣就解開了。那麼，下面的式子呢？」

$$2(x - 1) = 2x - 2$$

「好的，我整理式子求看看。」

$2(x - 1) = 2x - 2$	**問題的式子**
$2x - 2 = 2x - 2$	**展開左邊**
$2x - 2x - 2 + 2 = 0$	**將右邊移項至左邊**
$0 = 0$	**計算左邊**

「哎？變成 $0 = 0$ 了。」

「其實 $2(x - 1) = 2x - 2$ 不是方程式而是恆等式。展開左邊的 $2(x - 1)$ 後，會變成右邊的 $2x - 2$。換句話說，無論 x 代入任何數，這個式子都會成立。正因為永遠都成立，所以才叫做**恆等式**，說得更嚴謹些，就是關於 x 的恆等式。」

「方程式與恆等式不一樣嗎？」

「不一樣。方程式是主張『x 代入某數時，數學式成立』，而恆等式是主張『無論 x 代入任何數，數學式皆成立』。兩者

有很大的不同，由方程式衍生出來的問題是『求出能讓此數學式成立的某個數』，變成求解方程式的問題；而恆等式衍生出來的問題是『此數學式真的代入任何數皆成立嗎？』變成證明是否為恆等式的問題。」

「原、原來如此……從前都沒有注意到這個差別呢。」

「嗯，一般不會注意到，不過注意一下會比較好，畢竟大部分的公式都是恆等式。」

「一看數學式就能知道是否為恆等式嗎？」

「有時可以有時不行，有時候則必須根據題目來判斷。換句話說，必須判斷寫這條數學式的人是想要表達方程式還是恆等式。」

「寫數學式的人……」

「變形式子時會使用恆等式，來看下面的數學式。」

$$\begin{aligned}
(x+1)(x-1) &= (x+1)\cdot x - (x+1)\cdot 1 \\
&= x\cdot x + 1\cdot x - (x+1)\cdot 1 \\
&= x\cdot x + 1\cdot x - x\cdot 1 - 1\cdot 1 \\
&= x^2 + x - x - 1 \\
&= x^2 - 1
\end{aligned}$$

「一直用等號連接嘛這是主張無論 x 代入任何數，等式皆會成立，形成一連串的恆等式。逐步確認推演，最後得到如下的恆等式。」

$$(x+1)(x-1) = x^2 - 1$$

「好的。」

「這個一連串的恆等式，目的是慢動作觀察式子的變化過程。所以，不要有『哇！式子好多啊！』的消極退縮想法，一步一步慢慢理解就行了。與此相對，這個數學式如何呢？」

$$x^2 - 5x + 6 = (x - 2)(x - 3)$$
$$= 0$$

「上下兩個等號，第一個等號形成恆等式，也就是主張『$x^2 - 5x + 6 = (x - 2)(x - 3)$ 對任意 x 皆成立』，而第二個等號則形成方程式。因此，整個數學式主張『使用恆等式將方程式 $x^2 - 5x + 6 = 0$ 轉為 $(x - 2)(x - 3) = 0$ 來求解』。」

「咦……原來可以這樣理解啊……」

「除了方程式與恆等式，還有**定義式**。當出現複雜的式子，我們會命名來簡化式子。命名時會使用等號，定義式不必像方程式一樣需要解開，也不必像恆等式一樣需要證明，只要自己方便就行了。」

「可以舉個例子嗎？定義式到底是什麼？」

「比如，將有點複雜的式子 $\alpha + \beta$ 命名為 s。這個命名——也就是定義——可如下書寫。」

$$s = \alpha + \beta \qquad \textbf{定義式的例子}$$

「我有問題！」

蒂蒂充滿活力地舉起手。明明就在眼前不用特地舉手吧？真是個有趣的女孩啊。

「學長，我到這裡就已經不行了。為什麼要用 s 呢？」

「其實用什麼都可以，只是個名稱而已，不管是 x 還是 t 都行，用來暫時定義 $s = \alpha + \beta$，後面的說明便可直接用 s 來代替 $\alpha + \beta$。若能巧妙地自行定義，就能將數學式表現得清楚易懂。」

「我明白了。然後，α、β 又是什麼呢？」

「嗯，它們是在其他地方被定義的文字。當定義式寫成 $s = \alpha + \beta$ 後，通常是以寫在左邊的文字來命名右邊的數學式。α 和 β 已先在別處定義好了，所以將 α 和 β 構成的數學式命名為

文字 s。」

「定義式使用什麼名字都可以嗎？」

「是的，基本上什麼都可以，但不能用已經定義為其他意義的文字。比如，明明已經在某處定義 $s = \alpha + \beta$，接著若又定義 $s = \alpha\beta$，會讓閱讀的人感到混淆。」

「說的也是，這樣就失去命名的意義了。」

「還有，圓周率通常寫成 π、虛數單位通常寫成 i 等，不會用來命名為其他文字。當數學式中出現新文字時不用著急，試著思考『啊，這是定義式嗎？』如果題目出現『s 如下義……』『令 $\alpha + \beta$ 為 s』等文字敘述，就肯定是定義式。」

「唔……」

「對了，妳下次試著查閱數學書籍中含有文字的等式，像是方程式、恆等式、定義式或者其他式子……」

「好的，我會試看看。」

「數學書籍會出現許多數學式，這些都是某人為了傳達自己的想法而寫下，背後肯定存在著向我們傳達訊息的某人。」

「向我們傳達訊息的某人……」

2.9.2　乘積形成與相加形式

「接下來，在閱讀數學式時，要注意數學式的整體形式，這很重要。」

「整體形式是什麼意思？」

「比如，討論下述式子——這是方程式。」

$$(x - \alpha)(x - \beta) = 0$$

式子左邊是乘法，也就是**乘積形式**。一般來說，構成乘積的每個數學式，稱為**因數**或者**因式**。

$$\underbrace{(x - \alpha)}_{\text{因式}} \underbrace{(x - \beta)}_{\text{因式}} = 0$$

「因數、因式與因數分解有關係嗎？」

「有的，因數分解是拆解為乘積形式，質因數分解是拆解為質數的乘積形式。通常會省略乘法的×號，下面 3 個數學式的意思一樣，都是相同的方程式。」

$$(x - \alpha) \times (x - \beta) = 0 \qquad \text{使用×的情況}$$
$$(x - \alpha) \cdot (x - \beta) = 0 \qquad \text{使用 · 的情況}$$
$$(x - \alpha)(x - \beta) = 0 \qquad \text{省略的情況}$$

「好的。」

「然後，若是 $(x - \alpha)(x - \beta) = 0$，則兩個因式中至少有一個等於 0。這是由乘積形式導出的結論。」

「嗯，這個我知道。兩數相乘結果為 0 時，其中一個會是 0 嘛。」

「用文字敘述時，『至少有一個等於 0』的敘述，會比『其中一個會是 0』更好，因為還有可能兩個因式都等於 0。」

「啊，『至少有一個』屬於比較嚴謹的表達嗎？」

「是的。那麼，至少有一個因式等於 0，表示 $x - \alpha = 0$ 或者 $x - \beta = 0$ 成立。換句話說，$x = \alpha, \beta$ 是這個乘積形式方程式的解。」

「好的。」

「再來，試著展開 $(x - \alpha)(x - \beta)$，下述式子是方程式嗎？」

$$(x - \alpha)(x - \beta) = x^2 - \alpha x - \beta x + \alpha \beta$$

「不，這是恆等式。」

「是的。展開後從乘積轉為相加，左邊是 2 個因式的乘積

形式，右邊是 4 個項的相加形式。」

「項？」

「構成相加的各個式子稱為**項**，我們可如下以括號來幫助理解。」

$$\underbrace{(x-\alpha)}_{\text{因式}}\underbrace{(x-\beta)}_{\text{因式}} \overset{\xrightarrow{\text{展開}}}{\underset{\xleftarrow{\text{因式分解}}}{=}} \underbrace{(x^2)}_{\text{項}}+\underbrace{(-\alpha x)}_{\text{項}}+\underbrace{(-\beta x)}_{\text{項}}+\underbrace{(\alpha\beta)}_{\text{項}}$$

「不過，下式還未經過整理，形式有點雜亂。該怎麼整理呢？」

$$x^2 - ax - \beta x + \alpha\beta$$

「將 $-\alpha x$、$-\beta x$ 等帶有 x 的東西——」

「不是『東西』要說成『項』喔。然後，$-\alpha x$、$-\beta x$ 等只含有一個 x 的項，稱為『關於 x 的一次項』或者直接稱作『一次項』。」

「好的。將『關於 x 的一次項』整理過後會是這個樣子。」

$$x^2 + \underbrace{(-\alpha - \beta)x}_{\text{統整一次項}} + \alpha\beta$$

「沒錯。就項的說明來說沒錯，但通常會將負號提出，進一步整理。」

$$x^2 - (\alpha + \beta)x + \alpha\beta$$

「妳知道如上述的式子變形稱為『統整同類項』嗎？」

「嗯，我知道『統整同類項』。不過從前沒有特別注

意。」

「那我來出個謎題：下述式子是恆等式還是方程式？」

$$(x - \alpha)(x - \beta) = x^2 - (\alpha + \beta)x + \alpha\beta$$

「展開後統整同類項，對任意 x 皆成立，所以是恆等式。」

「正確！那麼我們繼續往下說。先來討論如下的方程式，這是**乘積形式**。」

$$(x - \alpha)(x - \beta) = 0 \qquad \textbf{乘積形式的方程式}$$

「使用剛才的恆等式，如下改寫方程式。這就是**相加形式**的方程式。」

$$x^2 - (\alpha + \beta)x + \alpha\beta = 0 \qquad \textbf{相加形式的方程式}$$

「雖然這兩個方程式的形式不同，卻是相同的方程式，只是利用恆等式改變左邊的形式而已。」

「嗯。」

「我們看到乘積形式的方程式時，就知道方程式的解為 $x = \alpha, \beta$。也就是說，相加形式的方程式解同樣是 $x = \alpha, \beta$，畢竟是相同的方程式。」

$$(x - \alpha)(x - \beta) = 0 \qquad \textbf{乘積形式的方程式（答案是 } x = \alpha, \beta)$$

$$\Updownarrow$$

$$x^2 - (\alpha + \beta)x + \alpha\beta = 0 \qquad \textbf{相加形式的方程式（答案同樣是 } x = \alpha, \beta)$$

「簡單的二次方程式，有時用看的就能知道答案。比如，試著比較下述兩個方程式，會發現兩者的形式非常相似。」

$$x^2 - (\alpha + \beta)x + \alpha\beta = 0 \qquad \text{（答案是 } x = \alpha, \beta \text{）}$$

$$x^2 - 5x + 6 = 0$$

「的確很像。$\alpha + \beta$ 相當於 5，$\alpha\beta$ 相當於 6。」

「是的。換句話說，想要求解 $x^2 - 5x + 6 = 0$，只要找出相加為 5、相乘為 6 的兩個數就行了，答案就會是 $x = 2, 3$。」

「的確是如此。」

「乘積形式、相加形式是數學式的形式之一。**相加形式** = 0 有時難以看出答案，但換成**乘積形式** = 0 就一目暸然了。」

「啊！好像有『理解的感覺』了，『求解方程式』與『作出乘積形式』有著密切的關係呢。」

2.10　數學式的背後是誰？

「為什麼學校老師不像學長一樣教得那麼仔細呢？」

「大概是因為妳和我是互動式對話，妳有疑問的時候立刻問我，而我也會馬上回答，所以才覺得容易理解，感覺像是一步步向前邁進。除了上課認真聽講，不懂的地方也要多請教老師或許會比較好……當然，這也要視老師的回答能力而定。」

蒂蒂一臉認真地聽著我說話，然後像是突然想到什麼似的問道：

「學長讀書時遇到不懂的地方會怎麼做呢？」

「嗯……如果反覆細讀還是不懂，會先在書上做記號。然後繼續往下讀，讀一陣子之後，再回到原先做記號的地方重讀一次。如果仍舊不懂，就繼續往下讀或者翻閱其他書籍，這樣反覆來回好幾次。從前我遇過怎樣都無法理解的數學式展開，經過四天不斷思考後，認為絕對是寫錯了，於是就去向出版社

詢問，結果真的是印錯了。」

「好屬害……不過，像那樣仔細學習不會很花時間嗎？」

「嗯，很花時間、非常花時間。不過，這是理所當然的吧，妳想想看，數學式的背後都有它的歷史，讀數學式就像是挑戰眾多數學家的成就，花費時間理解是理所當然的。展開一道數學式的期間，我們穿越了幾百年的時光，在面對數學式時，我們都是小小的數學家。」

「小小的數學家？」

「是的。將自己當作是數學家，仔細閱讀數學式，不只閱讀還要動手寫。我總是擔心自己是否真的理解了，所以會寫出來確認。」

蒂蒂快速點頭，興奮說道：

「學長所說的『數學式是語言』，我也有這樣的感覺。數學式的背後肯定有想要向我傳達訊息的某個人，這個某人可能是學校的老師，可能是編寫課本的人，也可能是幾百年前的數學家……總覺得愈來愈想學習數學了。」

蒂蒂彷彿懷抱夢想似地說道。

話說回來，她也是為了向我傳達「想跟我商量」這個訊息，才在校門口叫住我嘛。

她發出「嗯——」的聲音並伸了個懶腰，自言自語似的呢喃：

「啊啊，我的心果然被學長說的話……」

她說到一半，慌張地用雙手捂住嘴巴。

「我說的話？」

「不！那個！沒事沒事……」

蒂蒂滿臉通紅地低下頭。

第 3 章

ω 的華爾滋

數學的本質在於它的自由。
——康托爾（Georg Cantor）

3.1 圖書室

夏天來臨了。

今天是期末考的最後一天，我在空蕩蕩的圖書室推演著數學式。米爾迦進了圖書室後直直向我走來。

「旋轉？」她站在我身後探頭窺看我的記事本。

「嗯。」

米爾迦戴著金屬框的眼鏡，鏡片反射出一層薄薄的藍，這讓我注意到了眼鏡後面那沉靜的瞳孔。

「只要思考軸上的單位矢量往哪邊移動就行了，沒有必要背吧。」

米爾迦看著我說道。她說話直率且用詞奇特，總是把向量說成矢量。

「沒關係，我只是在練習而已。」

「要是喜歡探討數學式，旋轉兩次 θ 角會很有趣哦。」米爾迦在我旁邊坐下，靠近我的耳邊小聲說道。她唸出 θ 的發音 theta，舌齒間發出的清脆聲音搔弄著我的耳朵。

　　「旋轉兩次 θ 角展開數學式，再來討論『旋轉兩次 θ 角等於旋轉角』，這樣就可列出兩個關於 θ 的恆等式。」

　　米爾迦拿走我手上的自動鉛筆，在筆記本的右端用小字寫上兩行式子，同時米爾迦的手也碰到了我的手。

$$\cos 2\theta = \cos^2 \theta - \sin^2 \theta$$
$$\sin 2\theta = 2 \sin \theta \cos \theta$$

　　「你知道這是什麼嗎？」

　　看著筆記本上的公式，我在心中默默答道「倍角公式」，卻沒有說出口。

　　「不知道嗎？這是倍角公式啊。」

　　米爾迦站起身來，我聞到淡淡的柑橘香氣。

　　她改變成講課的口氣，不等我回應就繼續說了下去。唉，一直以來都是如此。

　　「旋轉 θ 角可表示成下述矩陣。」米爾迦說道。

◎　　◎　　◎

　　旋轉 θ 角可表示成下述矩陣：

$$\begin{pmatrix} \cos \theta & -\sin \theta \\ \sin \theta & \cos \theta \end{pmatrix}$$

　　「連續旋轉兩次 θ 角」相當於平方上述的矩陣。

$$\begin{pmatrix} \cos \theta & -\sin \theta \\ \sin \theta & \cos \theta \end{pmatrix}^2 = \begin{pmatrix} \cos^2 \theta - \sin^2 \theta & -2 \sin \theta \cos \theta \\ 2 \sin \theta \cos \theta & \cos^2 \theta - \sin^2 \theta \end{pmatrix}$$

　　然而，「連續旋轉兩次 θ 角」可視為「旋轉角」。因此，上述的矩陣等於下述矩陣：

$$\begin{pmatrix} \cos 2\theta & -\sin 2\theta \\ \sin 2\theta & \cos 2\theta \end{pmatrix}$$

接著，比較兩矩陣的元素，可導出下述兩個等式：

$$\cos 2\theta = \cos^2 \theta - \sin^2 \theta$$
$$\sin 2\theta = 2 \sin \theta \cos \theta$$

換句話說，$\cos 2\theta$、$\sin 2\theta$ 可用 $\cos \theta$ 與 $\sin \theta$ 表示，變成 θ 的式子——也就是**倍角公式**。將旋轉以矩陣表示並重新解釋意義，便可導出倍角公式。

運用等號表示「旋轉一次 2θ」與「旋轉兩次 θ」相等，注意到兩者其實是同樣的東西。如此一來，就會有美好的事情發生。

◎　◎　◎

聽著米爾迦說話的同時，我思考著另外一件事情：聰明的女孩、美麗的女孩，若是發現這兩種狀態其實都是同一個人，會是多麼美好的一件事啊。

然而，我仍舊不發一語，靜靜聽著米爾迦說話。

3.2　振動與旋轉

先暫且不管矩陣——米爾迦邊說邊在我的筆記本中，寫下這樣的問題：

問題 3-1

試以 n 表示下述數列的一般項 a_n。

n	0	1	2	3	4	5	6	7	...
a_n	1	0	-1	0	1	0	-1	0	...

「解得出來嗎？」米爾迦問道。

「簡單啊。這是反覆 1、0、－1 的數列，說成振動可能比較貼切。」我答道。

「嗯哼，你是這樣理解這個數列啊。」

「不對嗎？」

「不，你的想法沒有錯。那麼……試著用一般項表示這個『振動』吧。」

「一般項……使用 n 表示 a_n 就行了。嗯……若分成不同情況來討論，馬上就能做出來。」

$$a_n = \begin{cases} 1 & (n = 0, 4, 8, \dots, 4k, \dots) \\ 0 & (n = 1, 3, 5, 7, \dots, 2k+1, \dots) \\ -1 & (n = 2, 6, 10, \dots, 4k+2, \dots) \end{cases}$$

「嗯哼，的確沒有錯。不過，看起來不像是振動。」

此時，米爾迦閉起眼睛，不斷用食指繞圈。

「那麼，接下來想想這個問題吧──它的一般項是什麼呢？」她睜開眼睛問道。

問題 3-2

試以 n 表示下述數列的一般項 b_n。

n	0	1	2	3	4	5	6	7	...
b_n	1	i	-1	$-i$	1	i	-1	$-i$	...

「i 是指 $\sqrt{-1}$ 嗎？」我問道。

「除了虛數單位還有別的 i 嗎？」

「不⋯⋯那個暫且不論。數列 b_n 在 n 為偶數時輪流為 $+1$、-1；n 為奇數時輪流為 $+i$、$-i$，這也是振動的一種吧。」

「這樣說也沒有錯。這個數列你理解成振動啊。」

「除此之外，還有其他的理解方式嗎？」我問道。

米爾迦閉上眼一會兒後說道：

「試著用**複數平面**討論吧。複數平面是以 x 軸為實數軸、y 軸為虛數軸的坐標平面。如此一來，所有複數都能夠表示為平面上的一點。」

$$複數 \quad \longleftrightarrow \quad 點$$
$$x + yi \quad \longleftrightarrow \quad (x, y)$$

將問題 3-2 數列 b_n 想成是複數的數列，則 1 是 $1 + 0i$、i 是 $0 + 1i$

$$1+0i, \quad 0+1i, \quad -1+0i, \quad 0-1i, \quad 1+0i, \quad 0+1i, \quad -1+0i, \quad 0-1i, \quad ...$$

將數列 b_n 視為複數平面上的點數列，試繪圖：

$$(1,0), \quad (0,1), \quad (-1,0), \quad (0,-1), \quad (1,0), \quad (0,1), \quad (-1,0), \quad (0,-1), \quad ...$$

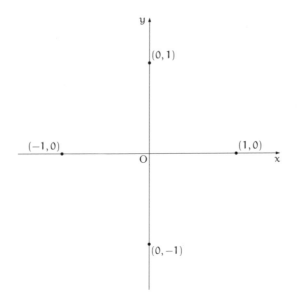

　　「哈——原來如此。會在菱形……應該說是正方形的頂點間移動啊。」我邊說邊在圖上畫線。

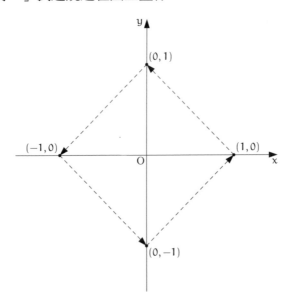

「嗯哼，你是將點數列理解為這種圖形啊。確實這樣也沒有錯。」

「除了正方形，還有其他圖形嗎？」我問道。

「你的腦袋真是意外地不靈活。這個圖形如何呢？」米爾迦說道。

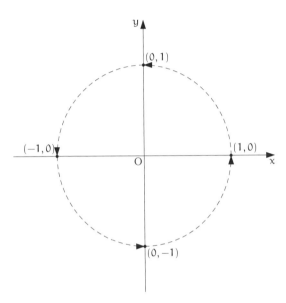

「是圓啊……」

「沒錯，是圓。半徑為 1 的圓——**單位圓**，在複數平面上，是以原點為中心的單位圓。這是將複數的數列理解為單位圓上的點數列。」

「單位圓……」

「單位圓上的點通常會表示為下述複數。」

$$\cos\theta + i\sin\theta$$

「嗯……θ 是單位向量 $(1, 0)$ 的旋轉角啊。」

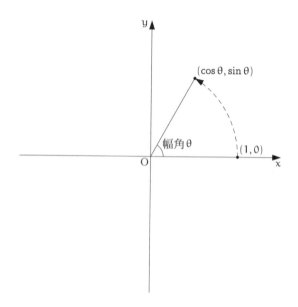

「是的。θ 稱為**幅角**，複數與點的對應關係會是這樣。」

$$\begin{array}{ccc} \text{複數} & \longleftrightarrow & \text{點} \\ \cos\theta + i\sin\theta & \longleftrightarrow & (\cos\theta, \sin\theta) \end{array}$$

「將問題 3-2 數列 b_n 理解為正方形——不，理解為四等分圓周的**圓分點**。那四等分的點該如何以複數表示呢？」米爾迦看著我問道。

「θ 增加 90 度……也就是逐漸增加 $\dfrac{\pi}{2}$ 弧度就行了，所以幅角為 $\theta = 0, \dfrac{\pi}{2}, \pi, \dfrac{3\pi}{2}, \cdots\cdots$ 換句話說，下述四個複數為圓周的四分點。」我答道。

$$\cos 0 \cdot \frac{\pi}{2} + i \sin 0 \cdot \frac{\pi}{2}$$

$$\cos 1 \cdot \frac{\pi}{2} + i \sin 1 \cdot \frac{\pi}{2}$$

$$\cos 2 \cdot \frac{\pi}{2} + i \sin 2 \cdot \frac{\pi}{2}$$

$$\cos 3 \cdot \frac{\pi}{2} + i \sin 3 \cdot \frac{\pi}{2}$$

「沒錯。如此一來，數列的一般項 b_n 便可表示為下述形式。」米爾迦說道。

解答 3-2

$$b_n = \cos n \cdot \frac{\pi}{2} + i \sin n \cdot \frac{\pi}{2} \qquad (n = 0, 1, 2, 3, \ldots)$$

「然後，回到問題 3-1 的 a_n。」

$$\langle a_n \rangle = \langle 1, \quad 0, \quad -1, \quad 0, \quad 1, \quad 0, \quad -1, \quad 0, \quad \ldots \rangle$$

「你前面說 a_n 是 1、0、−1 的『振動』嘛。其實，那個問題也能用同樣的思維來解決。」

解 3-1

$$a_n = \cos n \cdot \frac{\pi}{2} \qquad (n = 0, 1, 2, 3, \ldots)$$

「咦……為什麼？」

「運用圖形來思考，將剛才的四分點 b_n **投影到實數軸**，這樣就會出現振動。換句話說，『振動是旋轉的投影』。」

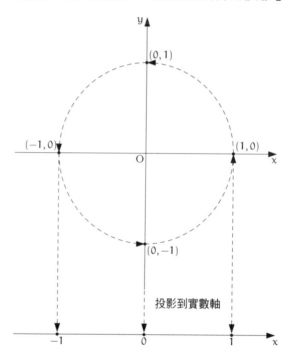

投影到實數軸

「數列 a_n 可以從幾個點來觀察：『單純的整數排列』『在實數線上的點振動』以及『在複數平面上的點旋轉』，只要意識到自己所看見的不過是投影到一維的影子，就能夠發現二維的圓結構。只要意識到自己所見的只不過是影子，就能夠發掘隱藏在背後的高維結構。然而，我們通常難以察覺藏在影子裡的結構。」

「⋯⋯」

「從整數到實數線、再從數線到複數平面，討論更高維度的世界。表示變得更加簡潔，也能夠更加清楚地『理解』了吧。給予部分的數列，思考下一個數，這不只是單純的謎題，而是

需要看穿一般項，去找出背後隱藏的結構。」

我什麼話都說不出來。

「需要的是眼睛，但不是這個眼睛……」

米爾迦邊說邊指著自己的眼睛。

「而是需要看穿結構的心眼。」

3.3 ω 的華爾滋

「那麼，下個問題。」米爾迦說道。

問題 3-3

試以 n 表示下述數列的一般項 c_n。

n	0	1	2	3	4	5	...
c_n	1	$\frac{-1+\sqrt{3}i}{2}$	$\frac{-1-\sqrt{3}i}{2}$	1	$\frac{-1+\sqrt{3}i}{2}$	$\frac{-1-\sqrt{3}i}{2}$	...

「這是什麼數列？」我問道。

「嗯哼，你看不出來啊？」

此時，她並非帶著輕蔑的語氣，而是直率地表達驚訝，像是「你竟然不知道自己右手有五根手指」這種訝異的感覺。

她的驚訝讓我感到羞愧，但我選擇忽略自己的感受，想辦法讓話題回到數學上。

「『1、$\frac{-1+\sqrt{3}i}{2}$、$\frac{-1-\sqrt{3}i}{2}$ 這三個數反覆出現』——這種答案太過無趣了吧。」我邊偷瞄她的表情邊說道。

「真的很無趣。沒有解決謎題,沒有看穿結構,也沒有掌握本質。」她答得乾淨俐落。

「……那這個數列的本質是?」

「當然,本質就是 1、$\dfrac{-1+\sqrt{3}i}{2}$、$\dfrac{-1-\sqrt{3}i}{2}$ 這三個數是什麼,就只有這樣而已。但如果你不知道這三個數,就用平常探討數列的方法開始吧。」米爾迦說道。

「平常探討數列的方法……那就試試階差數列吧。」我開始在筆記本上書寫。

對於數列 $\langle c_n \rangle$,如下討論數列 $\langle d_n \rangle$:

$$d_n = c_{n+1} - c_n \qquad (n = 0, 1, 2, \dots)$$

$c_1 - c_0, c_2 - c_1, c_3 - c_2, \cdots$ 依序計算求解 $\langle d_n \rangle$。

n	0	1	2	3	4	5	$\cdots$
d_n	$\dfrac{-3+\sqrt{3}i}{2}$	$-\sqrt{3}i$	$\dfrac{3+\sqrt{3}i}{2}$	$\dfrac{-3+\sqrt{3}i}{2}$	$-\sqrt{3}i$	$\dfrac{3+\sqrt{3}i}{2}$	$\cdots$

嗯……還是看不出來。

「知道了嗎?」米爾迦問道。她在這種時候反而不可思議地有耐心,但如果解決的步驟十分明確,她反而會不停催促要我繼續做下去,若還在探索道路途中,她就會不慌不忙地等待。

「……還是看不出來。」我老實答道。

「你探討數列的工具就只有階差數列嗎?」她笑著問道。

「除了兩項的差,剩下的就是取比值……」我答道。

「那麼,快試試吧。」

3.3 ω 的華爾茲 53

是、是⋯⋯這次探討 $e_n = \dfrac{c_{n+1}}{c_n}$ 的數列 $\langle e_n \rangle$。由於 c_n 不等於 0，不用擔心除數為 0。計算結果是⋯⋯

n	0	1	2	3	4	5	⋯
e_n	$\dfrac{-1+\sqrt{3}i}{2}$	$\dfrac{-1+\sqrt{3}i}{2}$	$\dfrac{-1+\sqrt{3}i}{2}$	$\dfrac{-1+\sqrt{3}i}{2}$	$\dfrac{-1+\sqrt{3}i}{2}$	$\dfrac{-1+\sqrt{3}i}{2}$	⋯

「喔！」我嚇了一跳，竟然全部都是 $\dfrac{-1+\sqrt{3}i}{2}$。

「你在驚訝什麼？」

「因為取比值後變成相同的數了⋯⋯」

「對吧。數列 $\langle c_n \rangle$ 是首項為 1、公比為 $\dfrac{-1+\sqrt{3}i}{2}$ 的等比數列。其實，1、$\dfrac{-1+\sqrt{3}i}{2}$、$\dfrac{-1-\sqrt{3}i}{2}$ 這三個數，立方後都是 1 哦。換句話說，這三個數都滿足

$$x^3 = 1$$

這個三次方程式。」

「滿足 $x^3 = 1$⋯⋯」

「沒錯。由於 $x^3 = 1$ 是三次方程式，滿足的複數根會有 3 個。你知道這個方程式的解法嗎？」米爾迦問道。

「嗯，知道。因為 $x = 1$ 滿足方程式，使用 $(x-1)$ 因式分解就行了。」我說道。

$$x^3 = 1 \qquad \textbf{給予的方程式}$$

$$x^3 - 1 = 0 \qquad \textbf{將 1 移項至左邊，右邊變成 0}$$

$$(x-1)(x^2 + x + 1) = 0 \qquad \textbf{因式分解左邊}$$

「然後呢？」米爾迦問道。

「然後，$x^2 + x + 1 = 0$ 的部分，套用二次方程式 $ax^2 + bx + c = 0$ 的公式解 $x = \dfrac{-b \pm \sqrt{b^2 - 4ac}}{2a}$ 就行了。」我邊說邊計算。

$$x = 1, \quad \frac{-1 + \sqrt{3}\,i}{2}, \quad \frac{-1 - \sqrt{3}\,i}{2}$$

聽了我的說明，米爾迦點了點頭。

「沒錯。那麼，現在令複數 $\dfrac{-1 + \sqrt{3}\,i}{2}$ 為 ω。」

$$\omega = \frac{-1 + \sqrt{3}\,i}{2}$$

「則 ω^2 會等於 $\dfrac{-1 - \sqrt{3}\,i}{2}$。」

$$\begin{aligned}
\omega^2 &= \left(\frac{-1 + \sqrt{3}\,i}{2} \right)^2 \\[2mm]
&= \frac{(-1 + \sqrt{3}\,i)^2}{2^2} \\[2mm]
&= \frac{(-1)^2 - 2\sqrt{3}\,i + (\sqrt{3}\,i)^2}{4} \\[2mm]
&= \frac{1 - 2\sqrt{3}\,i - 3}{4} \\[2mm]
&= \frac{-2 - 2\sqrt{3}\,i}{4} \\[2mm]
&= \frac{-1 - \sqrt{3}\,i}{2}
\end{aligned}$$

「1 乘上好幾個 ω 後，可作出如下的數列。」米爾迦在筆記本上書寫。

$$1, \quad \omega, \quad \omega^2, \quad \omega^3, \quad \omega^4, \quad \omega^5, \quad \ldots$$

「因為 $\omega^3 = 1$，所以這個數列可改寫如下。」

$$1, \quad \omega, \quad \omega^2, \quad 1, \quad \omega, \quad \omega^2, \quad \ldots$$

「簡單來說，1、ω、ω^2、1、ω、ω^2、……就是數列 $\langle c_n \rangle$。然後將這三個數『1、ω、ω^2』畫到複數平面上吧，快點、快點。」

米爾迦有點開心地說著。

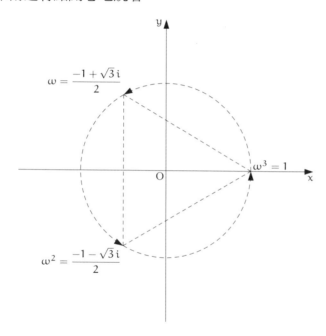

「咦……出現了正三角形啊。」

「從週期性聯想到圓很自然，從圓推斷反覆的源頭也很自然，只看到實數線的人會認為是『振動』，但看到複數平面的人則會注意到『旋轉』，察覺到其中隱藏起來的結構。對吧？」

> **解答 3-3**
>
> $$c_n = \omega^n \qquad (n = 0, 1, 2, 3, \dots)$$
>
> 其中，$\omega = \dfrac{-1 + \sqrt{3}\,i}{2}$。

　　米爾迦的臉頰有些泛紅，話也跟著變多。

　　「前面談了四分點與正方形、三分點與正三角形，接著要一般化，來討論 n 分點與正 n 邊形。這跟**棣美弗公式**（De Moivre formula）有關。」

棣美弗公式

$$(\cos\theta + i\sin\theta)^n = \cos n\theta + i\sin n\theta$$

　　「棣美弗公式主張『複數 $\cos\theta + i\sin\theta$ 的 n 次方是複數 $\cos n\theta + i\sin n\theta$』。以圖形的觀點來看，就是『在單位圓上旋轉 θ 角 n 次會等於旋轉 $n\theta$ 角』，你應該能看到吧，在數學式背後，點在單位圓上旋轉的樣子。」米爾迦的手指指著我，一圈圈繞著圓圈。

　　「棣美弗公式 $n=2$ 時，就能得到倍角公式。」

$$(\cos\theta + i\sin\theta)^n = \cos n\theta + i\sin n\theta \qquad \textbf{棣美弗公式}$$

$$(\cos\theta + i\sin\theta)^2 = \cos 2\theta + i\sin 2\theta \qquad \textbf{代入 } n=2$$

$$\cos^2\theta + i\cdot 2\cos\theta\sin\theta - \sin^2\theta = \cos 2\theta + i\sin 2\theta \qquad \textbf{展開左邊}$$

$$(\cos^2\theta - \sin^2\theta) + i\cdot 2\cos\theta\sin\theta = \cos 2\theta + i\sin 2\theta \qquad \textbf{整理左邊}$$

　　「接著，再將左右兩邊的實部與虛部分別用等號連結。」

$$\underbrace{(\cos^2\theta - \sin^2\theta)}_{\text{實部}} + \mathrm{i} \cdot \underbrace{2\cos\theta\sin\theta}_{\text{虛部}} = \underbrace{\cos 2\theta}_{\text{實部}} + \mathrm{i}\underbrace{\sin 2\theta}_{\text{虛部}}$$

「便可得倍角公式。」米爾迦說道。

$$\cos^2\theta - \sin^2\theta = \cos 2\theta \qquad \text{實部}$$
$$2\cos\theta\sin\theta = \sin 2\theta \qquad \text{虛部}$$

「你不是在探討旋轉 θ 角的矩陣嗎？既然要探討，將旋轉的點化成圖形、三角函數與複數數列，這樣會比較有意思吧？」

我被米爾迦的氣勢壓倒，完全說不出話來。

「你從 $\omega^3=1$ 看見單位圓的三分點了嗎？看見 $\dfrac{2\pi}{3}$ 的幅角、複數平面上的正三角形，以及 ω 產生的三段旋轉了嗎？在複數平面上看見 1、ω、ω^2 的三人舞蹈了嗎？」

米爾迦一口氣把話說完，微微一笑。

「你是否有看見 ω 的華爾滋？」

第 4 章
費氏數列與生成函數

據我們所知，處理數列最有效的方法是，

操作生成目標數列的無窮級數。

——葛立恆（Graham）／高德納（Kunth）／帕塔什尼克
（Patashnik）《具體數學》（*Concrete Mathematics*）

4.1　圖書室

現在是高二的秋天，放學後，我在圖書室教學妹蒂蒂數學，展開簡單的數學式。

$$(a + b)(a - b) = (a + b)a - (a + b)b$$
$$= aa + ba - ab - bb$$
$$= a^2 - b^2$$

我將 $(a+b)(a-b)$ 展開成 $a^2 - b^2$ 後，表明可以把「兩數和與差的乘積是兩數平方差」背起來，而她回道：「我明白了。聽學長講解過後，感覺原本零碎的知識都整合起來了呢。」

此時，米爾迦進入圖書室，直接向我們的位子走來，用力踢開蒂蒂的椅子，發出巨大的聲響，圖書室裡的學生全都看向了我們這邊。蒂蒂驚訝地站了起來，瞪了米爾迦一眼後便離開了圖書室。我呆立在一旁，看著她離去。

米爾迦若無其事地扶好椅子坐下，看完筆記本的內容後，拉了拉我的袖子。等到我坐下後，米爾迦問道：

「數學式的展開？」

「因為學妹有問題問我所以就教她了。」我回答。

米爾迦哼了一聲，拿走我手中的自動鉛筆，旋轉著鉛筆說道：「吶，我們來尋找規律吧。」

4.1.1 尋找規律

吶，我們來尋找規律吧。首先，$(1+x)(1-x)$ 的展開是 $(a+b)(a-b)$ 的特殊情況。

$$
\begin{aligned}
(1+x)(1-x) &= (1+x) \cdot 1 - (1+x) \cdot x \\
&= (1+x) - (x+x^2) \\
&= 1 + \underbrace{(x-x)}_{\text{消去}} - x^2 \\
&= 1 - x^2
\end{aligned}
$$

接著，將式子 $(1+x)(1-x)$ 的 $(1+x)$ 換成 $(1+x+x^2)$。

$$
\begin{aligned}
(1+x+x^2)(1-x) &= (1+x+x^2) \cdot 1 - (1+x+x^2) \cdot x \\
&= (1+x+x^2) - (x+x^2+x^3) \\
&= 1 + \underbrace{(x-x)}_{\text{消去}} + \underbrace{(x^2-x^2)}_{\text{消去}} - x^3 \\
&= 1 - x^3
\end{aligned}
$$

規律愈來愈明顯，只剩下左右兩端的項，中間項全都正負抵消。用筆算會更容易理解，比如 $(1+x+x^2+x^3)(1-x)$ 只會剩下兩端的項，通常會這樣寫：

$$
\begin{array}{r}
1 + x \ + x^2 + x^3 \\
\times \quad\quad\quad 1 - x \\
\hline
- x - x^2 - x^3 - x^4 \\
1 + x + x^2 + x^3 \\
\hline
1 \quad\quad\quad\quad\quad - x^4
\end{array}
$$

假設 n 為 0 以上的整數，則如下所示：

$$
\begin{aligned}
(1)\,(1-x) &= 1 - x^1 \\
(1+x)\,(1-x) &= 1 - x^2 \\
(1+x+x^2)\,(1-x) &= 1 - x^3 \\
(1+x+x^2+x^3)\,(1-x) &= 1 - x^4 \\
(1+x+x^2+x^3+x^4)\,(1-x) &= 1 - x^5 \\
&\ \ \vdots \\
(1+x+x^2+x^3+x^4+\cdots+x^n)\,(1-x) &= 1 - x^{n+1}
\end{aligned}
$$

◎　　◎　　◎

……原來如此，但並沒有想像中有趣，這些只是很常見的展開與一般化。比起這個，我更在意剛才被踢開椅子的蒂蒂現在怎麼樣了。米爾迦繼續說了下去：「到此為止都算很常見。」

4.1.2　等比數列的和

到此為止都算很常見。接著該往哪個方向推導呢？——再寫一次剛才的數學式吧。

$$
(1+x+x^2+x^3+x^4+\cdots+x^n)\,(1-x) = 1 - x^{n+1}
$$

將兩邊同除 $1-x$。由於 0 不能當除數，設 $1-x \neq 0$。

$$
1 + x + x^2 + x^3 + x^4 + \cdots + x^n = \frac{1 - x^{n+1}}{1 - x}
$$

　　前面都是討論「求積的公式」，這裡來看「求和的公式」。其實，這就是等比數列的求和公式，說得更清楚一點，是首項為 1、公比為 x 的等比數列，也就是 $\langle 1 \cdot x \cdot x^2 \cdot x^3 \cdot \cdots \cdot x^n \cdot \cdots \rangle$ 這個數列從首項到第 n 項的總和。

　　那麼，接著要怎麼推導呢？

◎　◎　◎

　　我說道：「自然會想到等比數列的無窮級數吧。不是到第 n 項為止的有限相加，而是討論無限相加。」

　　「是啊。」米爾迦微笑回答。

4.1.3　邁向無窮級數

　　「是啊，討論無窮級數吧。」

　　無窮級數 $1+x+x^2+x^3+\cdots$ 定義是等比數列部分和的極限。

$$1 + x + x^2 + x^3 + \cdots + x^n = \frac{1 - x^{n+1}}{1 - x}$$

　　x 的絕對值小於 1，即 $|x|<1$ 時，若 $n \to \infty$ 則 $x^{n+1} \to 0$，下述式子成立：

$$1 + x + x^2 + x^3 + \cdots = \frac{1}{1 - x}$$

　　這樣就能得到無窮級數，$|x|<1$ 是在 $n \to \infty$ 時，x^{n+1} 趨近 0 的必要條件。

等比數列的無窮級數（等比級數的公式）

$$1 + x + x^2 + x^3 + \cdots = \frac{1}{1-x}$$

其中，首項為 1、公比為 x 且 $|x| < 1$。

呐，你不覺得很有趣嗎？左邊是無窮延續的數列和，因為項數有無數多個，無法全部寫出來，而右邊只有一個分數。無數多項的和竟然可用單一分數表達，多麼簡潔啊。

◎　　◎　　◎

……窗外已經逐漸暗了下來，圖書室裡只剩下米爾迦和我，她似乎興奮了起來，不等我回應便說：「接著向生成函數邁進吧。」

4.1.4　邁向生成函數

接著向生成函數邁進吧。

下面省略收斂的條件，先來討論剛才等比級數的 x 函數：

$$1 + x + x^2 + x^3 + \cdots$$

現在，為了著眼於這個函數的 n 次項係數，將係數明確寫出來。

$$\underline{1}x^0 + \underline{1}x^1 + \underline{1}x^2 + \underline{1}x^3 + \cdots$$

這樣各係數就形成〈1、1、1、1、……〉的無窮數列，接著討論如下的對應：

$$\begin{array}{ccc} \text{數列} & \longleftrightarrow & \text{函數} \\ \langle 1,1,1,1,\ldots \rangle & \longleftrightarrow & 1+x+x^2+x^3+\cdots \end{array}$$

換句話說，數列 $\langle 1 \cdot 1 \cdot 1 \cdot 1 \cdot \cdots \cdots \rangle$ 與函數 $1+x+x^2+x^3+$ $\cdots\cdots$ 兩者可視為相同。由於 $1+x+x^2+x^3+\cdots\cdots = \dfrac{1}{1-x}$，所以可改寫如下：

$$\begin{array}{ccc} \text{數列} & \longleftrightarrow & \text{函數} \\ \langle 1,1,1,1,\ldots \rangle & \longleftrightarrow & \dfrac{1}{1-x} \end{array}$$

這種數列與函數的對應，可一般化如下：

$$\begin{array}{ccc} \text{數列} & \longleftrightarrow & \text{函數} \\ \langle a_0, a_1, a_2, a_3, \ldots \rangle & \longleftrightarrow & a_0 + a_1 x + a_2 x^2 + a_3 x^3 + \cdots \end{array}$$

這樣與數列對應的函數稱為**生成函數**，將分散的無數多項統整成一個函數。生成函數是 x 乘冪的無限相加，即定義為冪級數。

◎　　◎　　◎

……說到這裡，米爾迦突然變得安靜下來，閉上眼睛微皺眉頭。她緩慢呼吸著，像是在思索什麼似的。

為了不打擾米爾迦，我靜靜看著她，精緻的嘴唇、與數列對應的函數、金屬框的眼鏡、等比數列的無窮級數──以及生成函數。

米爾迦睜開雙眼。

「現在是在討論對應給定數列的生成函數……嗎？」米爾迦以溫柔的語氣說：「如果能夠求出生成函數的閉合式，這個閉合式也會與數列對應。」

「所以，我稍微想了一下……」她說著說著聲音逐漸變小，宛若在透露不能被別人知道的藏寶處，她將臉湊近我，空氣中飄著淡淡的柑橘香氣。

「從現在開始，我想要試著在兩個國度間往返。」米爾迦低聲說道。

為了不聽漏任何秘密，我豎起耳朵仔細聆聽。兩個國度？

「我想抓住數列，但要直接抓住很困難。因此，暫時先從『數列的國度』前往『生成函數的國度』，接著再穿越『生成函數的國度』回到『數列的國度』，這樣或許就能抓住數列。」

「現在是放學時間了。」

一道聲音讓我們嚇了一跳，熱心討論到臉龐彼此靠近的我們，完全沒有注意到圖書管理員瑞谷老師站在身後這件事。

數列與生成函數的對應

$$\begin{array}{ccc} \text{數列} & \longleftrightarrow & \text{函數} \\ \langle a_0, a_1, a_2, \ldots \rangle & \longleftrightarrow & a_0 + a_1 x + a_2 x^2 + \cdots \end{array}$$

4.2 抓住費氏數列

我們兩個移動到學校附近的咖啡店，隨便點了一些東西，然後繼續數列的話題。抓住數列是什麼意思？兩個國度又是什麼？對於我的疑問，米爾迦稍微扶正眼鏡後開始講解。

4.2.1 費氏數列

是啊，這個比喻有些太過跳躍。「在兩個國度間往返抓住數列」是指，「**使用生成函數求數列的一般項**」。

我們來看看旅行地圖吧。首先求得對應數列的生成函數，接著變形生成函數為閉合式，再將閉合式展開為冪級數，取得數列的一般項。換句話說，透過生成函數，找出數列的一般項。

「使用生成函數求數列的一般項」的旅行地圖

數列 ⟶ 　　生成函數

↓

數列的一般項 ⟵ 　生成函數的閉合式

比如，以**費氏數列**為例進行討論。你知道費氏數列吧？

$$\langle 0, 1, 1, 2, 3, 5, 8, \ldots \rangle$$

這是相加前面兩項得到下一項的數列。

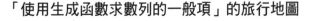

$0, \quad 1, \quad 0+1=1, \quad 1+1=2, \quad 1+2=3, \quad 2+3=5, \quad 3+5=8, \quad \ldots$

雖然也有從 1 開始的情況，但此處是從 0 開始。

假設費氏數列的一般項為 F_n，則 F_0 等於 0、F_1 等於 1；$n \geqq 2$ 時，$F_n = F_{n-2} + F_{n-1}$。換句話說，F_n 可定義為遞迴關係式的形式。

費氏數列的定義（遞迴關係式）

$$F_n = \begin{cases} 0 & (n = 0) \\ 1 & (n = 1) \\ F_{n-2} + F_{n-1} & (n \geq 2) \end{cases}$$

這個定義能夠充分表達，「相加前面兩項得到下一項」的費氏數列性質，而且如同 F_0、F_1、F_2、……能夠依序算出費氏數列。但是，這沒有辦法表達 F_n 是「關於 n 的閉合式」，表示 F_n 不是直接使用 n 的式子。這就是我所說的「未捉住數列」狀態。

假設現在被問到「費氏數列的第 1000 項為何？」則必須以 $F_0 + F_1$ 求得 F_2、以 $F_1 + F_2$ 求得 F_3……反覆計算，最後才能夠以 $F_{998} + F_{999}$ 求出 F_{1000}。想要以遞迴關係式求出費氏數列，必須做 $n - 1$ 次的加法。這樣太麻煩了，我想要將 F_n 表達為「關於 n 的閉合式」。「關於 n 的閉合式」大略來說就是，「有限次數組合已知運算所得到的式子」。

我想要將 F_n 表達為「關於 n 的閉合式」，來捉住費氏數列。

問題 4-1

試將費氏數列的一般項 F_n 表達為「關於 n 的閉合式」。

4.2.2　費氏數列的生成函數

那麼，假設對應費氏數列的生成函數為 $F(x)$，則對應關係如下：

$$
\begin{array}{ccc}
\text{數列} & \longleftrightarrow & \text{生成函數} \\
\langle F_0, F_1, F_2, F_3, \ldots \rangle & \longleftrightarrow & F(x)
\end{array}
$$

令 x^n 項的係數為 F_n，則 $F(x)$ 可如下具體列出。這樣我們就前往了生成函數的國度。

$$
\begin{aligned}
F(x) &= F_0 x^0 + F_1 x^1 + F_2 x^2 + F_3 x^3 + F_4 x^4 + \cdots \\
&= 0x^0 + 1x^1 + 1x^2 + 2x^3 + 3x^4 + \cdots \\
&= \qquad\quad x + x^2 + 2x^3 + 3x^4 + \cdots
\end{aligned}
$$

然後，我們想要探討函數 $F(x)$ 的性質。由於函數 $F(x)$ 的係數 F_n 是費氏數列，利用這一點似乎可以發掘關於函數 $F(x)$ 的有趣性質。

費氏數列的性質為何？當然是遞迴關係式 $F_n = F_{n-2} + F_{n-1}$。有效使用這項性質，則係數 F_{n-2}、F_{n-1}、F_n 會如下出現在 $F(x)$ 中：

$$
F(x) = \cdots + \underline{F_{n-2} x^{n-2}} + \underline{F_{n-1} x^{n-1}} + \underline{F_n x^n} + \cdots
$$

雖然想要將係數 F_{n-2} 和 F_{n-1} 相加，但 x 的次方不同無法相加。那麼，該怎麼辦呢？

◎　　◎　　◎

……米爾迦看向我。嗯，的確，x 的次方不同無法相加，因不是同類項而無法統整。不過，數列與生成函數的對應本來就要錯開 x 的次方以避免混淆吧。藉由對應數列與生成函數，真的會發生有趣的事情嗎？不一會兒，米爾迦說：「很簡單。」

4.2.3 求閉合式

很簡單。

若 x 的次方不同，相差多少次方，則乘上多少 x 就行了，相乘後指數的部分會是做加法，這就是所謂的指數法則。

$$x^{n-2} \cdot x^2 = x^{n-2+2} = x^n$$

比如，$F_{n-2}x^{n-2}$ 乘上 x^2 會是 $F_{n-2}x^n$。如此巧妙處理就能夠全部轉為 x^n，在此將 1 寫成 x^0 以便統一形式。

$$\begin{cases} F_{n-2}x^{n-2} \cdot x^2 &=& F_{n-2}x^n \\ F_{n-1}x^{n-1} \cdot x^1 &=& F_{n-1}x^n \\ F_{n-0}x^{n-0} \cdot x^0 &=& F_{n-0}x^n \end{cases}$$

如此一來，就能對函數 $F(x)$ 使用費氏數列的遞迴關係式。分別觀察 $F(x)$ 乘以 x^2、x^1、x^0 的式子吧。

式子 A： $F(x) \cdot x^2 = \qquad\qquad F_0x^2 + F_1x^3 + F_2x^4 + \cdots$

式子 B： $F(x) \cdot x^1 = \qquad F_0x^1 + F_1x^2 + F_2x^3 + F_3x^4 + \cdots$

式子 C： $F(x) \cdot x^0 = F_0x^0 + F_1x^1 + F_2x^2 + F_3x^3 + F_4x^4 + \cdots$

統一次方後，使用式子 A、B、C 進行下述計算。如此一來，同類項的係數就變成可使用 $F(x)$ 遞迴關係式的形式。

$$式子 A + 式子 B - 式子 C$$

計算時，左邊如下：

$$\begin{aligned} (左邊) &= F(x) \cdot x^2 + F(x) \cdot x^1 - F(x) \cdot x^0 \\ &= F(x) \cdot (x^2 + x^1 - x^0) \end{aligned}$$

然後，右邊如下：

$$（右邊）= F_0 x^1 - F_0 x^0 - F_1 x^1$$
$$+ (F_0 + F_1 - F_2) \cdot x^2$$
$$+ (F_1 + F_2 - F_3) \cdot x^3$$
$$+ (F_2 + F_3 - F_4) \cdot x^4$$
$$+ \cdots$$
$$+ (F_{n-2} + F_{n-1} - F_n) \cdot x^n$$
$$+ \cdots$$

　　右邊會留下開頭的 $F_0 x^1 - F_0 x^0 - F_1 x^1$，剩下的會全部抵消。根據費氏數列的遞迴關係式，$F_{n-2} + F_{n-1} - F_n$ 的部分會等於 0，可以爽快地消去。

　　不再用 x^0 或 x^1 這種彆扭的寫法，換回原本的 1、x。然後，用 $F_0 = 0$ 和 $F_1 = 1$，可得到下式：

$$F(x) \cdot (x^2 + x - 1) = -x$$

　　兩邊同除 $x^2 + x - 1$ 整理，即可得 $F(x)$ 的閉合式。這就是 $F(x)$ 的模樣哦。

$$F(x) = \frac{x}{1 - x - x^2}$$

　　費氏數列的生成函數可以變成如此簡潔的閉合式，真是令人愉快。因為這個數學式包含了無窮延續的費氏數列，一切俱備嘛。

$$\langle 0, 1, 1, 2, 3, 5, 8, \ldots \rangle \qquad \longleftrightarrow \qquad \frac{x}{1 - x - x^2}$$

費氏數列生成函數 $F(x)$ 的閉合式

$$F(x) = \frac{x}{1 - x - x^2}$$

4.2.4 表示為無窮級數

我們討論了費氏數列的生成函數 $F(x)$，若將 $F(x)$ 的閉合式表達為 x 的無窮級數，則 n 次方的係數會是 F_n。

因此，下一個目標是想辦法將

$$\frac{x}{1 - x - x^2}$$

表示為 x 的無窮級數。

我們曾經將分數形式的下式，轉為 x 的無窮級數。

$$\frac{1}{1 - x} = 1 + x + x^2 + x^3 + \cdots$$

比如，有沒有辦法將 $\dfrac{x}{1 - x - x^2}$ 轉為近似 $\dfrac{1}{1-x}$ 的形式呢？如果有辦法，我們就能從生成函數的國度，回到數列的國度，還能帶上費氏數列的一般項當作伴手禮。有沒有什麼辦法呢？

◎　　◎　　◎

……米爾迦探頭看著我的眼睛。對了，剩下只要將生成函數 $F(x)$ 寫成無窮級數的形式，就能得到費氏數列的一般項。我仔細盯著生成函數，試圖看穿它的構造。

$$F(x) = \frac{x}{1 - x - x^2}$$

分母 $1 - x - x^2$ 是二次式。總之，先試著因式分解 $1 - x - x^2$。
我在筆記本上計算，米爾迦只是靜靜地看著我動筆。

假設有未知常數 r、s，則 $1 - x - x^2$ 可如下因式分解：

$$1 - x - x^2 = (1 - rx)(1 - sx)$$

若能夠如此因式分解，則通分下述分數再相加時，分母剛
好是 $1 - x - x^2$。

$$\frac{1}{1 - rx} + \frac{1}{1 - sx} = \frac{（某數）}{(1 - rx)(1 - sx)}$$
$$= \frac{（某數）}{1 - x - x^2}$$

需要決定 r、s，使式子的運算結果等於 $\dfrac{x}{1 - x - x^2}$。試著計
算看看：

$$\frac{1}{1 - rx} + \frac{1}{1 - sx} = \frac{1 - sx}{(1 - rx)(1 - sx)} + \frac{1 - rx}{(1 - rx)(1 - sx)}$$
$$= \frac{2 - (r + s)x}{1 - (r + s)x + rsx^2}$$
$$= \cdots$$

嗯……巧妙選擇 r、s 可使分母的 $1 - (r+s) + rsx^2$ 形成
$1 - x - x^2$，但分子 $2 - (r+s)x$ 無法變成 x，常數項 2 無法消去。
很可惜但還是不行，真遺憾……

我剛發出呻吟聲，米爾迦便說道：「這樣做就可以解決
哦。」

4.2.5 解決

這樣做就可以解決哦。

把分子也換成參數，代入 R、S、r、s 四個未知常數，變成探討下述式子：

$$\frac{R}{1-rx} + \frac{S}{1-sx}$$

通分計算。

$$\frac{R}{1-rx} + \frac{S}{1-sx} = \frac{R(1-sx)}{(1-rx)(1-sx)} + \frac{S(1-rx)}{(1-rx)(1-sx)}$$

$$= \frac{(R+S) - (rS+sR)x}{1-(r+s)x+rsx^2}$$

需要決定 R、S、r、s 四個常數，使下式成立：

$$\frac{(R+S) - (rS+sR)x}{1-(r+s)x+rsx^2} = \frac{x}{1-x-x^2}$$

比較等號兩邊會發現，只要解開下述聯立方程式就行了。

$$\begin{cases} R + S = 0 \\ rS + sR = -1 \\ r + s = 1 \\ rs = -1 \end{cases}$$

一共四個未知常數與四個獨立式子，試著解開這個聯立方程式吧。剩下就是動手計算。

首先，以 r、s 表示 R 與 S：

$$R = \frac{1}{r-s}, \qquad S = -\frac{1}{r-s}$$

這樣便得到將 $F(x)$ 表示為無窮級數的線索。r、s 留到後面再來處理，先繼續計算下去：

$$F(x) = \frac{x}{1 - x - x^2}$$

$$= \frac{x}{(1 - rx)(1 - sx)}$$

$$= \frac{R}{1 - rx} + \frac{S}{1 - sx}$$

在此代入 $R = \dfrac{1}{r - s}$、$S = -\dfrac{1}{r - s}$：

$$= \frac{1}{r - s} \cdot \frac{1}{1 - rx} - \frac{1}{r - s} \cdot \frac{1}{1 - sx}$$

$$= \frac{1}{r - s} \left(\frac{1}{1 - rx} - \frac{1}{1 - sx} \right)$$

再代入 $\dfrac{1}{1 - rx} = 1 + rx + r^2x^2 + r^3x^3 + \cdots$、$\dfrac{1}{1 - sx} = 1 + sx + s^2x^2 + s^3x^3 + \cdots$：

$$= \frac{1}{r - s} \Big((1 + rx + r^2x^2 + r^3x^3 + \cdots)$$

$$- (1 + sx + s^2x^2 + s^3x^3 + \cdots) \Big)$$

$$= \frac{1}{r - s} \Big((r - s)x + (r^2 - s^2)x^2 + (r^3 - s^3)x^3 + \cdots \Big)$$

$$= \frac{r - s}{r - s}x + \frac{r^2 - s^2}{r - s}x^2 + \frac{r^3 - s^3}{r - s}x^3 + \cdots$$

整理後得到：

$$F(x) = \underbrace{0}_{F_0} + \underbrace{\frac{r - s}{r - s}x}_{F_1} + \underbrace{\frac{r^2 - s^2}{r - s}x^2}_{F_2} + \underbrace{\frac{r^3 - s^3}{r - s}x^3}_{F_3} + \cdots$$

便成功達成以 r、s 表示費氏數列的一般項。

$$F_n = \frac{r^n - s^n}{r - s}$$

只剩求出 r、s，r 與 s 的聯立方程式如下：

$$\begin{cases} r + s = 1 \\ rs = -1 \end{cases}$$

雖然可當作一般的聯立方程式求解，但相加為 1、乘積為 -1 的兩個數 r、s，是方程式 $x^2 - (r+s) + rs = 0$ 的解，也就是所謂「二次方程式的解與係數的關係」。因為下面的因式分解成立：

$$x^2 - (r+s)x + rs = (x-r)(x-s)$$

換句話說，由 $r+s = 1$、$rs = -1$ 可知，$x = r, s$ 是下述方程式的解：

$$x^2 - (r+s)x + rs = x^2 - x - 1$$
$$= 0$$

利用二次方程式的公式解，可得：

$$x = \frac{1 \pm \sqrt{5}}{2}$$

設 $r > s$，

$$\begin{cases} r = \dfrac{1 + \sqrt{5}}{2} \\ s = \dfrac{1 - \sqrt{5}}{2} \end{cases}$$

因為 $r - s = \sqrt{5}$，

$$\frac{r^n - s^n}{r - s} = \frac{1}{\sqrt{5}}\left(\left(\frac{1 + \sqrt{5}}{2}\right)^n - \left(\frac{1 - \sqrt{5}}{2}\right)^n\right)$$

所以，費氏數列的一般項 F_n 如下：

$$F_n = \frac{1}{\sqrt{5}}\left(\left(\frac{1 + \sqrt{5}}{2}\right)^n - \left(\frac{1 - \sqrt{5}}{2}\right)^n\right)$$

好，這樣就完成了。

解答 4-1 　（費氏數列的一般項）

$$F_n = \frac{1}{\sqrt{5}}\left(\left(\frac{1 + \sqrt{5}}{2}\right)^n - \left(\frac{1 - \sqrt{5}}{2}\right)^n\right)$$

4.3　回顧

　　……我還是無法信服，真的是這個式子嗎？畢竟費氏數列全部都是整數，我不認為一般項會出現 $\sqrt{5}$。

　　米爾迦一臉滿足地喝著已經變冷的咖啡，對我的疑問只表示：「自己試試啊？」

　　那麼，就用 $n = 0, 1, 2, 3, 4$ 來驗算吧。

$$F_0 = \frac{1}{\sqrt{5}} \left(\left(\frac{1+\sqrt{5}}{2} \right)^0 - \left(\frac{1-\sqrt{5}}{2} \right)^0 \right) = \frac{0}{\sqrt{5}} \quad = 0$$

$$F_1 = \frac{1}{\sqrt{5}} \left(\left(\frac{1+\sqrt{5}}{2} \right)^1 - \left(\frac{1-\sqrt{5}}{2} \right)^1 \right) = \frac{\sqrt{5}}{\sqrt{5}} \quad = 1$$

$$F_2 = \frac{1}{\sqrt{5}} \left(\left(\frac{1+\sqrt{5}}{2} \right)^2 - \left(\frac{1-\sqrt{5}}{2} \right)^2 \right) = \frac{4\sqrt{5}}{4\sqrt{5}} \quad = 1$$

$$F_3 = \frac{1}{\sqrt{5}} \left(\left(\frac{1+\sqrt{5}}{2} \right)^3 - \left(\frac{1-\sqrt{5}}{2} \right)^3 \right) = \frac{16\sqrt{5}}{8\sqrt{5}} = 2$$

$$F_4 = \frac{1}{\sqrt{5}} \left(\left(\frac{1+\sqrt{5}}{2} \right)^4 - \left(\frac{1-\sqrt{5}}{2} \right)^4 \right) = \frac{48\sqrt{5}}{16\sqrt{5}} = 3$$

　　求得 0、1、1、2、3，確實是費氏數列。喔喔，這樣啊。代入具體的 n 值計算後，分子分母的 $\sqrt{5}$ 會抵消啊！

　　嗯……真是厲害。我喝著咖啡，回顧今天討論的內容：我們想要求費氏數列的一般項（也就是關於 n 的閉合式），為此必須依照下述步驟進行：

⑴將費氏數列 F_n 想成是帶有係數的生成函數 $F(x)$。

⑵求得函數 $F(x)$ 的閉合式（關於 x 的閉合式）。此時，會使用費氏數列的遞迴關係式。

⑶將函數 $F(x)$ 的閉合式，表達為無窮級數的形式。此時，x^n 的係數是費氏數列的一般項。

　　換句話說，運用以數列為係數的函數——生成函數——來「捉住數列」。原來如此……不過，真是一場漫長的旅行……

「求費氏數列的一般項」的旅行地圖

$$費氏數列 \xrightarrow{\quad(1)\quad} 生成函數\ F(x)$$

$$\downarrow (2)$$

$$費氏數列一般項 \xleftarrow[\ (3)\ ]{} 生成函數\ F(x)的閉合式$$

　　米爾迦說：「生成函數是處理數列的有效方法，我們熟知的函數解析方法，都能夠在前往生成函數的國度時直接發揮作用，以函數磨練而來的技術，則有助於數列的研究。」

　　我邊聽著米爾迦說話，邊擔心著其他事情：計算無窮級數時，改變相加的順序不太好吧？這真的沒問題嗎？米爾迦……

　　「如果不清楚說明條件的話確實不好，但在這裡沒有關係哦。只要將生成函數過程所發現的當成祕密，改用數學歸納法來證明一般項即可。」

　　米爾迦若無其事地答道。

> ……長時間展開數學式是為了證明，
> 使用生成函數這個重要的方法
> 能夠最快找出等式。
> ──高德納（Donald Knuth）《電腦程式設計藝術》
> （*The Art of Computer Programming*）

第 5 章
算術平均數與幾何平均數的關係

任何創造的喜悅，
都是在已完成的界線上遊戲。
——霍夫斯塔特（Hofstadter）《Metamagic Game》

5.1 「學倉」

隔天。

放學後，我急匆匆地走在校園的樹蔭道中，快步行走的同時，從口袋中拿出紙條，重讀了上頭的那一行字。

　　今天放學後，我在「學倉」等你。蒂蒂

穿過樹蔭道，抵達別館的交誼廳——又稱為「學倉」——此時，蒂蒂已經站在門口等我了。

她一看到我就急忙低下頭。

「昨天非常對不起，那個——」

「不，該道歉的是我。總之先進去裡面吧，外頭太冷了。」

「學倉」是一個休憩的空間，除了有福利社，各處也放置桌椅，讓大家能夠輕鬆愉快地在這裡聊天。今天人還不是很多，二樓是文藝類社團的活動室，可以聽見有人在練習長笛。

我到自動販賣機買了咖啡，找個適當的位置坐下，而蒂蒂坐到我的對面。

她是高一生，跟我是同一所國中畢業的學妹。話雖如此，我們國中時並不認識。

「我……昨天嚇了一跳，所以什麼都沒說就直接回家了，非常對不起。」蒂蒂深深低下頭。

「不，我才應該道歉。唉——有很多原因。」

蒂蒂一臉緊張地看著我。她的眼睛又大又圓、個子嬌小，令人覺得像是在啃核桃的小松鼠，蓬鬆的尾巴似乎十分適合她。我不禁微笑起來。

「那、那個，學長。學、學長和那位學姐在交、交往嗎？」

「交交往？」

「不是，和她——正在交往嗎？」

「啊啊，米爾迦啊。沒有，我們並沒有在交往。」

米爾迦。

我回想跟她的來往互動，在心中確認情況。嗯，我們並沒有在交往。

「但是，我還以為是因為我厚臉皮坐在學長旁邊，所以才……發生那種事。」蒂蒂偷瞄著我的臉色說：「然後，那個……如果不麻煩……今後也想請你繼續教我數學……」

「嗯，可以喔。如果還有想問的事情，隨時都可以問我，就像之前一樣。這封信就是為了這件事嗎？希望我能夠繼續教妳？」

蒂蒂看著我拿出來的紙條，點了點頭。

「不好意思特地叫你出來。雖然直接到圖書室就能找到學長，但我怕又像昨天一樣……」

又像昨天一樣被米爾迦踢開椅子，確實會讓人受不了吧。

「但是，那個……如果繼續讓學長教我，那位學姐……不會又來踢飛我的椅子吧？」

聽到蒂蒂說出「踢飛」，我不禁露出苦笑。

「米爾迦啊。嗯……可能會又來踢飛椅子吧。怎麼說她呢？——嗯，米爾迦那邊就由我來跟她說明吧。」

蒂蒂聽到我的話後終於露出微笑。

5.2 浮現的疑問

「我從以前就有個疑問，但一直沒有問過別人。昨天學長有提到公式 $(a+b)(a-b) = a^2 - b^2$。我看了參考書，發現有些書籍是寫成 $(x+y)(x-y) = x^2 - y^2$。」

「嗯，沒錯，是同樣的公式——有什麼問題嗎？」

「嗯……我在想，使用 a 和 b 與使用 x 和 y，哪一種比較好呢？」

「原來如此。」

「不過，每次碰到數學式都討論『為什麼這樣寫』，就會沒辦法繼續後面的學習。就算想要問老師，也不知道該怎麼問……結果漸漸變得討厭數學了。」

「變得討厭了？」

「我做任何事情都要比別人多花一倍的時間，還會不斷提出疑問。而且詢問別人又很困難，就漸漸變得討厭起來。」

「原來如此。」

「我想我大概不適合學習數學吧。就算詢問擅長數學的朋友，他們也不能理解我在煩惱什麼，經常說『這些事情不用鑽牛角尖哦』。我想說不用鑽牛角尖時，其他地方又被提醒『這些要特別注意』，到底哪邊應該注意？我已經搞不清楚了。」

「不，經常抱持疑問才更適合學習數學。」我說道。

「如果是英文……不懂的單字可以查字典，難懂的慣用句可以硬背，文法雖然麻煩，但和例句一起記就行了。只要努力學習，就能夠漸漸理解。」蒂蒂繼續說。

這不會太過簡化了嗎？——雖然想這麼說，但打斷談話也不太好，於是我點了點頭。

「可是數學不是這麼回事。懂的時候清楚明白，但不懂的時候就完全不明白，沒有處於中間的模糊情況。」

「嗯，也有中間推導的式子正確，但計算錯誤的情況。」我說道。

「學長，這跟我想說的不太一樣——啊！對不起，我從剛才就一直對學長抱怨。不能抱怨、不能抱怨，我不是來抱怨，是來學習的！想要好好學習！這才是我想表達的。」

蒂蒂邊說著想要學習，邊握緊拳頭。

「我……很高興能夠進入這所高中，將來希望能從事跟電腦相關的工作。但不管朝哪個方向前進，我想，數學都是必要的，所以才想要努力學習。」

蒂蒂用力點頭。

「學長平時都是怎麼學習的呢？」

「有時是解問題，有時只是單純探討數學式喔。比如……嗯，對了，今天一起來試試吧。」

「好、好的！」

5.3　不等式

　　蒂蒂說了一聲「失禮了」，移動到我旁邊的座位，探頭看著筆記本的內容。從她身上飄來了微微的香甜氣息。啊，跟米爾迦不一樣的香味……這是理所當然吧。

　　「那麼，開始吧。首先，假設 r 為實數，則從 r 的平方 r^2 可以知道什麼？我們來討論這件事情吧。」

$$r^2$$

　　對於我的提問，蒂蒂想了幾秒。

　　「因為 r^2 是平方，所以會大於 0……這樣嗎？」

　　「是的。然而，不是『r^2 大於 0』而是『r^2 大於等於 0』才對。若是『大於 0』，會沒有包含到 0。」

　　「啊！對哦。r 是 0 時，r^2 也會是 0。嗯，『r^2 大於等於 0』。」

　　蒂蒂像是理解般地點了點頭。

　　「換句話說，無論 r 是什麼樣的實數，下述**不等式**都會成立。對吧？」

$$r^2 \geqq 0$$

　　「哎？嗯……是的。如果 r 是實數，r^2 就會大於等於零。」

　　「實數 r 無論是正數、零或者負數，平方後都會大於等於 0，所以 $r^2 \geqq 0$ 成立。這是提到『r 是實數』時需要注意的重要性質，等號成立於 $r=0$ 的時候。」

　　「請問……這好像是理所當然的事情。」

　　「是的，是很理所當然。『從理所當然的地方開始是好事』喔。」

「啊，好的。」

「不等式 $r^2 \geqq 0$ 對任意實數 r 皆成立，像這樣對任意實數皆成立的不等式，稱為**絕對不等式**。」

「絕對不等式……」

「從『對任意數皆……』的觀點來看，絕對不等式跟恆等式相似，差別在於，絕對不等式是不等式、恆等式是等式。」

「原來如此。」

「那麼，再繼續講下去吧。假設 a 和 b 為實數，則下述不等式成立。沒問題嗎？」

$$(a-b)^2 \geqq 0$$

「嗯……沒問題。因為 $a-b$ 是實數，平方後大於等於 0 ……啊，請等一下。剛才在 $r^2 \geqq 0$ 使用字母 r 嘛，為什麼這裡是使用 a 和 b 呢？我總是在這種地方陷入思考，而當我還在思考的時候，老師就繼續講下去了。」

「啊，沒關係。剛才的 r 是實數（real number）的字母開頭，但也可以『假設 x 為實數』使用 x，或者『假設 w 為實數』使用 w。一般來說，常數多是使用 a、b、c，變數多是使用 x、y、z。雖然使用什麼文字都行，但若寫『假設 n 為實數』會嚇一跳吧，畢竟 n 通常用於整數、自然數。嗯，這樣 OK 嗎？」

「嗯，我明白了。不好意思打斷你的話，我總是會在意使用的文字……不過，我明白 $(a-b)^2 \geqq 0$ 了。」

蒂蒂露出笑容、眼神閃耀，一臉像是在說「然後呢？」的樣子，真是表情豐富的女孩。她一定要理解清楚才肯繼續下去，這一點很不錯。

「那麼，接著要往哪邊推進呢？」

聽到我這樣提問，蒂蒂骨碌碌地轉動她大大的眼睛。

「哪邊……哪邊呢？」

「什麼都可以喔。

$$(a - b)^2 \geqq 0$$

明白這個不等式後，妳接著想要討論什麼數學式？什麼都可以，說說看，還是妳要用寫的？」

我把自動鉛筆交給她。

「好的……那麼，我就展開看看。」

$$\begin{aligned}
(a - b)^2 &= (a - b)(a - b) \\
&= (a - b)a - (a - b)b \\
&= aa - ba - ab + bb \\
&= a^2 - 2ab + b^2
\end{aligned}$$

「這樣可以嗎？」

「嗯，不錯。那麼，再來討論從這兩個式子可以知道些什麼吧。」

$$(a - b)^2 \geqq 0, \qquad (a - b)^2 = a^2 - 2ab + b^2$$

「嗯……」

「即使不是很厲害的事情也沒關係喔。比如——對於所有實數 a 和 b，下述不等式成立。」

$$a^2 - 2ab + b^2 \geqq 0$$

「因為大於等於 0，展開的結果也是大於等於 0 吧，蒂蒂。」

看著數學式的蒂蒂突然抬起頭，眨了眨眼睛後露出笑容，她似乎很高興。

「是的，真的耶。……但之後要做什麼呢？」

「嗯，接著移動式子看看吧。比如，試著將 $-2ab$ 移項至右邊，$-2ab$ 移項後變為 $2ab$。」

$$a^2 + b^2 \geqq 2ab$$

「嗯，這個我知道。」

「兩邊同除 2 後會變成這個樣子。」

$$\frac{a^2 + b^2}{2} \geqq ab$$

「嗯。」

「這是什麼式子？」

「是什麼呢？」

「仔細看左邊可知，$\frac{a^2+b^2}{2}$ 是 a^2 和 b^2 的平均。」

「啊……對耶。這是相加 a^2 和 b^2 再除以 2 嘛。」

「嗯，式子的左邊寫著 a^2 和 b^2。在這個式子中，我想將右邊的 ab 同樣以 a^2、b^2 來表示。妳覺得呢？」

「啊……」

「不，沒有硬性規定一定要這樣做，只是我剛好想要這樣做而已。」

「啊，好的。」

「下一步會跳過許多步驟，需要小心注意。為了以 a^2、b^2 表示右邊的 ab，試著如下變形。這個等式總是成立嗎？」

$$ab = \sqrt{a^2 b^2} \qquad （？）$$

「嗯……平方後就可以拿掉根號嘛。平方拿掉根號後……會恢復原狀。對，我認為總是成立。」

「不，錯了喔。平方拿掉根號時，會恢復原狀的只有大於等於 0 的數。ab 有可能是負數，所以必須附加條件，上面的等式才會成立。」

「哎呀，忘了還有條件。」

「是的。以 $a=2$、$b=-2$ 為例，左邊是 $ab = 2 \times (-2) = -4$，但右邊卻是 $\sqrt{a^2 b^2} = \sqrt{2^2 \cdot (-2)^2} = \sqrt{16} = 4$。」

「的確……是如此。」蒂蒂逐一確認我寫的算式，點了點頭。

「那麼，接著來附加條件吧。附加 $ab \geqq 0$ 這個條件後，下述等式就會成立。」

$$ab = \sqrt{a^2 b^2} \qquad \textbf{其中} \ ab \geqq 0$$

「如此一來，剛才的不等式 $\dfrac{a^2 + b^2}{2} \geqq ab$，可以這麼改寫。」

$$\frac{a^2 + b^2}{2} \geqq \sqrt{a^2 b^2} \qquad \textbf{其中} \ ab \geqq 0$$

「嗯——」蒂蒂欲言又止，神情認真地陷入思考當中。

「不對，學長，這裡怪怪的。$ab \geqq 0$ 這個條件是必要的嗎？我沒有辦法認同。這個等式在 $ab < 0$ 時也成立，不是嗎？舉例說明吧，比如 $a=2$、$b=-2$，則左右兩邊分別如下。」

$$左邊 = \frac{a^2 + b^2}{2}$$

$$= \frac{2^2 + (-2)^2}{2}$$

$$= 4$$

$$右邊 = \sqrt{a^2 b^2}$$

$$= \sqrt{2^2 \cdot (-2)^2}$$

$$= \sqrt{16}$$

$$= 4$$

「所以，左邊≧右邊成立哦，學長。」

「真虧妳有注意到，蒂蒂。的確，若不附加條件 $ab \geqq 0$ 好像也可以。那該怎麼做才好呢？」

蒂蒂又思考了一陣子，最後搖搖頭。

「……我不知道。」

「想要拿掉 $ab \geqq 0$ 這個條件，只要證明不等式在 $ab < 0$ 時也成立就行了。」我說道。

「$ab < 0$ 時，a 和 b 其中一個是正數、另一個是負數。所以，假設 $a > 0$、$b < 0$，c 滿足 $c = -b$，因為 $b < 0$ 所以 $c > 0$。而 $\frac{a^2 + b^2}{2} \geqq b$ 對任意實數皆成立，可知對 a 和 c 也成立，所以下述式子成立。」

$$\frac{a^2 + c^2}{2} \geqq ac$$

「試探討左右兩式。」

$$左邊 = \frac{a^2 + c^2}{2}$$

$$= \frac{a^2 + (-b)^2}{2} \qquad 因為\ c = -b$$

$$= \frac{a^2 + b^2}{2}$$

$$右邊 = ac$$

$$= \sqrt{a^2 c^2} \qquad 因為\ ac > 0$$

$$= \sqrt{a^2 (-b)^2} \qquad 因為\ c = -b$$

$$= \sqrt{a^2 b^2}$$

「所以，下述式子成立。」

$$\frac{a^2 + b^2}{2} \geqq \sqrt{a^2 b^2} \qquad 其中\ a > 0\ 且\ b < 0。$$

「到這邊為止的討論是『a 為正、b 為負』，但若是『a 為負、b 為正』也會是相同的結果。因此，對任意實數 a 與 b，下述不等式成立。」

$$\frac{a^2 + b^2}{2} \geqq \sqrt{a^2 b^2} \qquad 其中\ a\ 和\ b\ 為任意實數。$$

蒂蒂看著筆記本上的數學式思考了一段時間，不久便點了點頭，抬起頭來。

「原來如此。我明白了——啊，還有一點，『任意』是什麼意思？」

「『**任意**』是指『任何一個』『無論哪一個』的意思，相當於英文的 any。有時也會說成『對所有的～』，英文是『for all』。」

「啊，我明白了。『任意實數』就是『無論哪一個實數』的意思嘛。」

我繼續說下去。

「那麼，這樣兩邊的式子都能夠以 a^2、b^2 來表示。然後，將 a^2、b^2 命名為別的名字，使用下述定義式來將 a^2 命名為 x、b^2 為 y。」

$$x = a^2, \quad y = b^2$$

「由於 x 和 y 都是實數的平方，數值皆為大於等於 0，也就是 $x \geq 0$ 且 $y \geq 0$。這樣一來，就能如下表示剛才的不等式喔。式子變得相當簡潔，妳應該有看過這個式子才對。」

$$\frac{x+y}{2} \geq \sqrt{xy} \qquad 其中\ x \geq 0\ 且\ y \geq 0。$$

「……這個我有看過。嗯……是**算術平均數與幾何平均數的關係**！」

「對，沒錯。不等式的左邊是『兩數相加除以 2』的算術平均數 $\frac{x+y}{2}$；右邊是『兩數相乘開根號』的幾何平均數 $\sqrt{xy}$。算術平均數與幾何平均數的關係是指，算術平均數必定大於等於幾何平均數。」

「嗯。沒想到從 $r^2 \geq 0$ 開始討論，竟然會出現這個公式。」蒂蒂感慨地說道。

「說是『公式』，容易想成必須一字不差地背起來，覺得不可以隨意調整。但是，如果經常做變形式子的練習，這種想

法會逐漸淡化。就像在捏黏土一樣，在揉捏的過程中，黏土會逐漸變得柔軟。」

「哈……公式是自己作出來的啊。」

「與其說是自己作出來的，不如說是**推導**出數學式。其實，在數學課本、數學課堂中，也有做推導的動作喔。下次不妨注意看看，例題或者練習題都有可能出現推導。」

「這樣啊……下次我會注意看看。一聽到公式，容易讓人覺得『要趕緊背起來』呢。」

「如果一開始就想硬背，反而沒辦法學會推導數學式。自己動手計算，在理解上是很重要的事情，如果沒有理解，通常是沒辦法背起來的。」

「誒……」

「話說回來，妳知道算術平均數與幾何平均數的關係，等號成立在什麼時候嗎？也就是，x 和 y 具有什麼樣的關係時，下述等式成立？」

$$\frac{x+y}{2} = \sqrt{xy}$$

「哎？『x 和 y 皆為 0 時』嗎？」

「不對……應該說不完全正確。」

「哎？可是，$x=0$、$y=0$ 時，左右兩邊都會是 0 哦！」

「妳說的沒錯，但未必一定要 x、y 都等於 0，只要 $x=y$ 就行了。」

「哎？是這樣嗎？那麼，代入 $x=3$、$y=3$ 看看，左邊是 $\frac{1}{x+y} = \frac{3+3}{2} = 3$；右邊是 $\sqrt{xy} = \sqrt{3 \times 3} = 3$……啊，真的耶。」

「是的。像這樣代入實例嘗試是很重要的事情。『舉例為理解的試金石』。」

「那麼，再舉其他的例子來確認：$x=-2$、$y=-2$ 的時候呢？左邊是 $\frac{x+y}{2}=\frac{(-2)+(-2)}{2}=-2$；右邊是 $\sqrt{xy}=\sqrt{(-2)\times(2)}=2$ ……哎！錯了？」

「吶，蒂蒂。妳忘了 $x\geqq0$、$y\geqq0$ 的條件喔。」

「……唉呀，對哦。我不小心就搞錯條件，常常想著想著就忘記了。」

蒂蒂微微吐出舌頭，抓了抓自己的頭髮。

「蒂蒂，只要想起我們是從下述不等式開始探討數學式，

$$(a-b)^2\geqq0$$

我想就能夠知道等號成立於 $a=b$（也就是 $x=y$）的時候了。」

算術平均數與幾何平均數的關係

$$\frac{x+y}{2}\geqq\sqrt{xy}$$

其中，$x\geqq0$、$y\geqq0$，若 $x=y$ 則等號成立。

5.4　更進一步

「剛才是遊戲般地移動數學式，給人在繞圈子的感覺，但若只是要證明算術平均數與幾何平均數的關係，其實只要展開 $(\sqrt{x}-\sqrt{y})^2\geqq0$ 的左邊就行了。其中，$x\geqq0$、$y\geqq0$。」

$$\left(\sqrt{x} - \sqrt{y}\right)^2 = \left(\sqrt{x}\right)^2 - 2\sqrt{x}\sqrt{y} + \left(\sqrt{y}\right)^2$$
$$= x - 2\sqrt{x}\sqrt{y} + y$$
$$= x - 2\sqrt{xy} + y \qquad\qquad 因為 x \geq 0, y \geq 0$$
$$\geq 0 \qquad\qquad 因為 \left(\sqrt{x} - \sqrt{y}\right)^2 \geq 0$$

「也就是會變成這樣。」

$$x - 2\sqrt{xy} + y \geq 0$$

「剩下將 $2\sqrt{xy}$ 移項再同除 2，就會出現下述式子。」

$$\frac{x+y}{2} \geq \sqrt{xy} \qquad 其中 x \geq 0 、 y \geq 0。$$

「哎？可是，這次 $x \geq 0$、$y \geq 0$ 的條件從哪邊冒出來的？」

「因為現在是在討論實數，所以 $\sqrt{}$ 中的 x 和 y 都必須大於等於 0。」

「如果 $\sqrt{}$ 中的值小於 0 呢？」

「若值小於 0，會變成是虛數。」

「原來如此……」

「那麼，再稍微探討一下算術平均數與幾何平均數的關係吧。剛才的寫法沒有表現出『算術平均數』和『幾何平均數』的語言節奏嘛。」

「語言……節奏？」

「是的。試著改變相加、相乘與平方根的表記方式，將相加寫成 $x+y$；將相乘寫成 $x \times y$，明確標出 × 號；將除以 2 寫成乘上 $\frac{1}{2}$；將平方寫成 $\frac{1}{2}$ 次方。如此一來，下述式子便可成立。這也是算術平均數與幾何平均數的關係，這種寫法能夠突顯兩

邊的相似性，令人看起來舒服。」

$$(x + y) \cdot \frac{1}{2} \geqq (x \times y)^{\frac{1}{2}} \quad (x \geqq 0, y \geqq 0)$$

蒂蒂迅速舉手。

「學長……我還有問題，**平方根**是 $\sqrt{}$ 嘛。那『$\frac{1}{2}$ 次方』是什麼？」

「『開平方根』就是『$\frac{1}{2}$ 次方』的意思。雖然說成 $\frac{1}{2}$ 次方可能會讓人不習慣，但這是定義……由指數法則來看是很合理的喔。」

「$\frac{1}{2}$ 次方很合理嗎？」

「比如，假設 $x \geqq 0$，簡單說明 x 的平方根等於 $x^{\frac{1}{2}}$，先來討論 $(x^3)^2$ 的結果吧。」

「$(x^3)^2$ 嗎？因為是 $(x \cdot x \cdot x)^2$ ……所以整體會變成 6 次方嘛。我想結果會是 $(x^3)^2 = x^6$。」

「沒錯。一般來說，下述式子會成立，次方的次方是指數相乘。」

$$(x^a)^b = x^{ab}$$

「嗯，我瞭解了。」

「那麼，根據上面的結論來看下式，這邊的 a 應該為多少才合理？」

$$(x^a)^2 = x^1$$

「因為是指數相乘，所以 a 的兩倍等於 1，也就是 $a = \frac{1}{2}$。」

「嗯，這是合理的想法。然後，仔細看一下 $(x^a)^2 = x^1$，因為 x^1 等於 x，這個數學式變成描述『x^a 平方後是 x』。換句話說，x^a 會是……」

「平方後為 x 且大於等於 0 的數……啊！這就是 $\sqrt{x}$ 嘛！啊……好厲害！」

「嗯，厲害吧。這樣 $\frac{1}{2}$ 次方就是平方根這件事，就感覺很合理了吧？」

平方根就是 $\frac{1}{2}$ 次方

$$x^{\frac{1}{2}} = \sqrt{x} \qquad (x \geqq 0)$$

「雖然覺得不可思議，但的確很合理。」

「啊，對了，算術平均數與幾何平均數的關係能夠一般化嗎？試著證明下述式子，說不定會很有趣。」

$$(x_1 + x_2 + \cdots + x_n) \cdot \frac{1}{n} \geqq (x_1 \times x_2 \times \cdots \times x_n)^{\frac{1}{n}} \qquad (x_k \geqq 0)$$

「這個式子可用 $\sum$ 和 $\prod$ 改寫如下，左邊是相加形式、右邊是乘積形式。算術平均數與幾何平均數的關係，其實就是相加與乘積之間的不等式。」

$$\left(\sum_{k=1}^{n} x_k\right) \cdot \frac{1}{n} \geqq \left(\prod_{k=1}^{n} x_k\right)^{\frac{1}{n}} \qquad (x_k \geqq 0)$$

「學長，學長。雖然好像很有趣，但我要離開一下哦。」

5.5　學習數學

　　休息過後，蒂蒂再度回到我對面的座位，說起關於數學學習上的疑問。

　　「學習數學時會感到厭煩，可能是因為不瞭解目標在哪裡。即便解開問題，也體會不到什麼地方有趣。在家裡學習覺得沒有意思，完全不曉得為了什麼而努力——話雖如此，但問題也不是常見的『數學對未來有什麼幫助？』而是想知道剛才做的式子變形，跟到昨天學過、明天將要學到的東西有什麼關係。好像想要看整張地圖，但老師就是不給我們看。」

　　「……」

　　「好比拿著小型手電筒，進入漆黑房間中的感覺。雖然可以用手電筒照明前進，但光圈能照亮的範圍狹窄，不曉得自己究竟走在什麼地方。前後都是一片漆黑，能夠看到的只有光照到的一小圈範圍。如果真的很困難倒還沒話說，但式子的變形並沒有很難。所以我已經搞不清楚數學到底是簡單還是困難，明明單獨來看很簡單，卻無法掌握整體。就像沒有地圖會感到迷惑一樣，令人非常不安。」

　　「原來如此。」

　　我能夠理解蒂蒂的不安，也就是「不曉得後面會發生什麼事」——唉。

　　「學長會很仔細地聽我說話，但同班同學就不行了。雖然我也有擅長數學的朋友，但沒辦法像現在這樣順利地談話，總是在途中被取笑。當他說『妳不要問這些東西，背起來就對了』的時候，我就不想和那種傢伙……不，那個人說下去了。」

　　像被蒂蒂的話牽引一樣，我也開始分享自己的事情。

　　「我喜歡數學，會待在圖書室一直看著數學式，重新組合課堂中出現的式子，理解清楚後再一步步推導下去，確認能夠

自己重現學過的東西。」

蒂蒂靜靜地聽我說話。

「學校只能提供學習的素材，老師也只關心考試的事情，但這些都不重要，我想要不斷思考自己感興趣的東西，並不是被父母強迫才去做式子變形。他們不會關心我探討什麼數學式，只會注意我有沒有坐在書桌前，所以我能夠隨心所欲。不過，我父母本來就不太會逼我唸書。」

「那是因為學長的成績好啊。我就不行了，常常被唸『快去讀書』，真是煩死了。」

「我經常在圖書室想事情，攤開筆記本回想數學式，思索為什麼非得這樣定義不可，或者探討改變定義會發生什麼事，自己去思考重要的地方，因為抱怨老師或者同學也無濟於事。如同蒂蒂剛才所說──看到數學式時就會想『為什麼要這樣寫呢？』──這樣想絕對不是壞事，雖然可能會花很多時間，但不輕易對自己抱持的疑問妥協，不斷努力想出答案是很重要的，我認為這樣才叫作唸書。無論是父母、朋友還是老師，都沒有辦法解答蒂蒂的疑問，至少無法完全回答，甚至還會反過來生氣。碰到自己答不出來的問題時，會發怒生氣、討厭提問的人，或者反過來取笑他們。」

「學長好厲害……昨天在圖書室教我的內容也很有趣。明明只是簡單的式子變形，卻讓我有種心跳加速的感覺。今天的內容也讓我受益良多。那個……學長也會跟那位學姐聊這些東西嗎？」

「那位學姐？」

「──米爾迦學姐。」

「啊啊。嗯……不一定，我們通常會聊更具體的內容。我在圖書室計算時，米爾迦偶爾會過來一起討論。談論的內容通

常是當時我在做的計算，但基本上都是她在說話。她很聰明，瞭解的東西比我更有深度、更加廣泛，我完全贏不了她。」

「我以為學長和那位學姐在交往，因為你們總是在一起。」

「因為我們同班啊。」

「在圖書室也總是……」

「……」

「那個……學長是全年級第一名嘛。」

「不，不對。數學方面是米爾迦第一，而綜合成績是都宮第一名。」

「為什麼他們都這麼屬害啊？」

「他們只是做自己喜歡做的事情喔。除了體育也很好的都宮比較特別之外，米爾迦和我都不擅長運動。姑且不論米爾迦，我自己不擅長在群眾面前說話。但是，我喜歡數學，因為喜歡才去做，僅只如此喔。蒂蒂不也有喜歡的東西嗎？」

「我喜歡──英語，非常喜歡。」

「現在妳的書包裡有放英語的書吧？逛書店的時候，妳也會先逛英語的書櫃吧？」

「嗯，就是這樣……學長還真清楚。」

「因為我也一樣，我的話會先逛數理方面的書櫃，無論去到哪間書店都一樣。如果是常去的書店，我甚至記得哪裡擺放數理方面的書籍，光看書架的書籍就知道哪些是新書。就是這麼回事，我只是做自己喜歡的事情，在喜歡的事情上投入時間、精力。我想每個人都是如此，希望更深入、更持續思考自己喜歡的事情。所謂的喜歡，就是這樣的心境吧？」

　　在我內心，似乎有某個開關被打開一樣，從中不斷湧現各種話語。

「學校裡的世界狹小，存在著許多欺騙孩子的假象；學校外也存在許多假象，但卻有活生生的真實面貌。」

「學校裡都沒有真實面貌嗎？」

「不，我並不是那個意思。比如，妳知道村木老師吧？雖然他被說成是個奇怪的人，但他懂的東西很多。這點無論是我、都宮或者米爾迦都這樣認為喔。我們有的時候會找村木老師幫忙出題目、介紹有趣的書籍。」

蒂蒂歪著頭，我不顧一切繼續說下去。話匣子打開就停不下來。

「認真追求喜歡的事物，便會獲得分辨真假的能力。總有一些喜歡大聲嚷嚷或者故作聰明的學生，這樣的人肯定喜歡表現自我、自尊心強大。但是，養成用自己的頭腦思考的習慣，體會到真實面貌後，就不需要那麼強調自我了。即使大聲嚷嚷也解不開遞迴關係式，縱使故作聰明也解不開方程式。無論別人怎麼認為、無論別人說什麼，都要思考到自己能夠接受為止，我認為這才是最重要的事情。追求喜歡的事物、追求真實面貌。」

我閉上了嘴，不小心說太多了。大聲說著自我表現沒有用的我真像個笨蛋，到此為止吧。

蒂蒂緩緩點了點頭，似乎在思考著什麼。不知不覺中，樓上長笛的長音練習已經結束，換成了顫音練習。周遭的人也變多了，「學倉」開始熱鬧起來。

「學長……像這樣……在進行喜歡的學習時……一個沒用的學妹……會打擾到你嗎？」蒂蒂的聲音彷彿快要消失，愈說愈小聲。

「啊？」

「有個沒用的學妹在旁邊打轉，不會造成你的麻煩嗎？」
蒂蒂小小聲地說。

「不、不會打擾，也不會麻煩。能夠跟其他人分享自己所
想的事，有這樣認真傾聽談話的對象，令人非常高興。我並不
會特別想要一個人獨處。」

「總覺得好羨慕學長。雖然我也想要努力學好數學，但層
級完全不一樣……」

蒂蒂輕咬著拇指的指甲。

沉默。

過了一會兒，蒂蒂倏地抬起頭。

「不、不對！跟別人怎麼樣無關，只要追求自己認為的那
個真實面貌就行了嘛！學長，我好像又有精神了！那個，我有
個請求。往後……偶爾就可以了，請讓我繼續和學長討論數學。
拜託你！」

蒂蒂一臉認真地懇求。

「嗯，可以喔。」

大概──沒有問題吧。總覺得今天被蒂蒂「拜託」好幾
次，我也回答「可以」好幾次了。肯定──沒有問題吧。我看
了看大廳的時鐘。

「學長今天也會去圖書室嗎？」

「嗯，是的。」

「那我也……啊，那個……還是算了，我今天先回去了。
以後如果有問題，可以再問學長嗎？在圖書室或者在教室的時
候。」

「當然可以喔。」

我又回答了一次「可以」。

此時，有三個女孩走過蒂蒂的背後，說道：「唷，蒂蒂。」

「唷！」蒂蒂也轉向她們大聲回應。

然後，她用兩手摀住嘴巴轉向我的方向，一臉「糟了」的表情，連耳根都紅透了。她似乎因為在我面前展現平常的一面而感到有些不好意思。

在高中二年級的秋天，我覺得這樣的她非常可愛。

第 6 章
在米爾迦的身旁

解析是研究連續；
數論是研究離散，
而歐拉整合了兩者。
——鄧納姆（William Dunham）

6.1 微分

我一如往常地待在空無一人的圖書室探討數學式。

米爾迦走進來，毫不猶豫地坐到我身旁的座位。她的身上散發淡淡的橘子香，探頭看了看我的筆記本後說道：

「微分？」

「是啊。」我答道。

米爾迦用手撐著臉，不發一語地看著我的計算。一直被人盯著瞧，真的很難做下去。

「怎麼了？」米爾迦問道。

「沒有……只是在意妳在看什麼。」我答道。

「看你計算。」她說道。

喔，這樣說是沒錯……

但因為米爾迦不會僅僅只是單純看才令人困擾。她的距離感跟別人不同，會在旁邊的座位倏地靠近我的臉龐，如果我用

手擋住數學式，她的頭就會靠得更近。

　　啊，對了，我想起跟蒂蒂的約定。

　　『米爾迦那邊就由我來跟她說明吧。』

　　「吶，米爾迦，關於前陣子的事情——」

　　「等一下！」米爾迦這麼說完，就把臉朝上、閉起眼睛，形狀漂亮的雙唇喃喃自語，似乎是想到了什麼有趣的事情。這樣我就不好打擾她了。

　　過了七秒，她睜開眼睛說：「微分，簡單說就是變化量哦。」然後伸手在我的筆記本上書寫。

◎　　◎　　◎

　　微分，簡單說就是變化量哦。

　　比如，假設在直線上的現在位置為 x，離開一點距離的地方為 $x+h$，h 不太大，也就是「鄰近距離」。

　　然後，我們來討論函數 f 的變化吧。對應 x 的函數 x 值為 $f(x)$，對應 $x+h$ 的函數 x 值為 $f(x+h)$，討論焦點在「僅距離 h 時函數 f 值會如何變化」。

　　為了讓對比更明確，要明確寫出 0。若現在的位置為 $x+0$，則 f 的值為 $f(x+0)$。前進到 $x+h$ 時，f 的值變成 $f(x+h)$。

　　從 $x+0$ 前進到 $x+h$ 時的變化量，可用下式求得：

「前進後的位置」－「前進前的位置」

也就是 $(x+h)-(x+0)$ 等於 h。同理，從 $x+0$ 前進到 $x+h$ 時的變化量 f，可用求出 $f(x+h)-f(x+0)$。

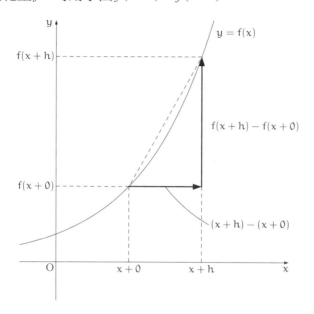

我們要探討關於位置 x 的函數 f 變化，也就是探討瞬間的變化。當 x 的變化量 $(x+h)-(x+0)$ 變大，f 的變化量或許會跟著變大，所以取兩者的比值。這個比值相當於上圖傾斜的虛線斜率。

$$\frac{f\ \text{的變化量}}{x\ \text{的變化量}} = \frac{f(x+h)-f(x+0)}{(x+h)-(x+0)}$$

由於想要探討的是位置 x 的變化，所以 h 必須盡可能地小，不斷縮小 h 來討論 $h \to 0$ 的**極限**。

$$\lim_{h \to 0} \frac{f(x+h)-f(x+0)}{(x+h)-(x+0)}$$

簡單來說，這是函數 f 的**微分**。就圖形來說，相當於下圖在點 $(x, f(x))$ 的**切線**斜率。若切線斜率為右上方陡峭的直線，則 $f(x)$ 會急劇增加。換句話說，此位置的變化量很大。

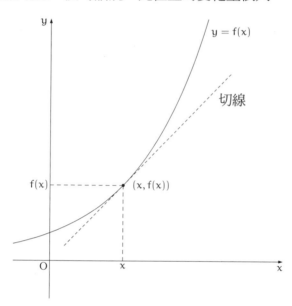

假設對函數 f 的「微分」寫作 Df，則**微分運算子 D** 定義如下：

微分運算子D 的定義

$$Df(x) = \lim_{h \to 0} \frac{f(x+h) - f(x+0)}{(x+h) - (x+0)}$$

定義也可寫成下述式子，兩者是相同的概念。總而言之，微分運算子 D 是以函數作函數的高階函數。

$$Df(x) = \lim_{h \to 0} \frac{f(x+h) - f(x)}{h}$$

　　前面講的都是**連續世界**的內容，x 能夠平滑地移動。接著，我們將前面講的所有東西都帶到**離散世界**吧。所謂離散世界，就是只能夠像整數一樣呈現一個個的數值。連續世界是將 x 移動到 h——移動到「鄰近距離」——想成是 f 的變化量，討論 $h \to 0$ 的極限，以定義微分。那麼，將微分帶到離散世界又會如何呢？

問題 6-1

定義，對應連續世界中，微分運算子 D 的離散世界運算子。

6.2　差分

　　……我思考著米爾迦提出的問題。只要從離散世界中，找出對應連續世界「鄰近距離」的概念就可以了。我環視圖書室一圈，再看向坐在旁邊座位的米爾迦，說道：「將『鄰近距離』想成是『鄰近間隔』就行了。」她豎起食指答道：「沒錯。」

◎　　◎　　◎

沒錯。

　　在離散世界中，$x+0$ 的「鄰近距離」會是 $x+1$ 的「鄰近間隔」，探討的不是 $h \to 0$ 而是 $h=1$。**「鄰近間隔」就是離散世界的本質**，只要注意到了這點，就能夠順利展開討論。

連續世界的「鄰近距離」

離散世界的「鄰近間隔」

從 $x+0$ 到 $x+1$ 的變化量，此時函數 f 的變化量當然會是 $f(x+1)-f(x+0)$，同樣取兩者的比值——不過分母恆為 1。

$$\frac{f(x+1)-f(x+0)}{(x+1)-(x+0)}$$

在離散的世界裡沒有必要取極限，這個式子正是「離散世界的微分」，也就是**差分**，差分運算子 Δ 可如下定義：

解 6-1 （差分運算子 Δ 的定義）

$$\Delta f(x) = \frac{f(x+1)-f(x+0)}{(x+1)-(x+0)}$$

亦可寫成如下：

$$\Delta f(x) = f(x+1) - f(x)$$

間隔的差——Δ 確實可以說是「差分」運算。

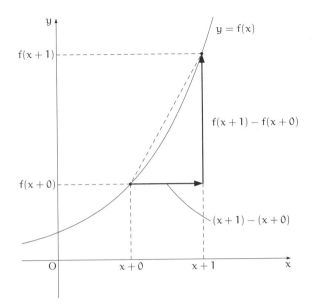

將連續世界的微分與離散世界的差分並排比較，為了突顯對應關係，會寫得比較繁瑣一點。

$$\begin{array}{ccc}
\text{連續世界的微分} & \longleftrightarrow & \text{離散世界的差分} \\
Df(x) & \longleftrightarrow & \Delta f(x) \\
\displaystyle\lim_{h \to 0} \frac{f(x+h) - f(x+0)}{(x+h) - (x+0)} & \longleftrightarrow & \displaystyle\frac{f(x+1) - f(x+0)}{(x+1) - (x+0)}
\end{array}$$

6.3　微分與差分

米爾迦似乎很高興，每次聽她說話都會不知不覺被拉進另一個世界。

啊，不過還是要跟她說清楚才行。

「米爾迦，上次坐在我旁邊的那個女孩……」

她將注意力從筆記本移開，抬頭看向我，臉上瞬間浮現尷尬的表情，但視線又立刻回到數學式上。

「她是我國中的學妹，然後——」

「我知道。」

「咦？」

「你之前有說過。」

她仍舊注視著筆記本。

「然後，我有時候會教她數學。」我說道。

「這我也知道。」

「……」

「如果不好好說明清楚，意思就無法傳達。」

她這麼說完，用指尖旋轉著自動鉛筆。

◎　　◎　　◎

6.3.1　一次函數 x

如果不好好說明清楚，意思就無法傳達。所以不用抽象的 $f(x)$，我們用具體的函數來思考吧。

比如，試著比較一次函數 $f(x)=x$ 的微分與差分。

首先是微分：

$$\mathrm{D}f(x) = \mathrm{D}x \qquad\qquad \textbf{由 } f(x)=x$$

$$= \lim_{h \to 0} \frac{(x+h)-(x+0)}{(x+h)-(x+0)} \qquad\qquad \textbf{由微分運算子 } D \textbf{ 的定義}$$

$$= \lim_{h \to 0} 1$$

$$= 1$$

然後是差分：

$$\Delta f(x) = \Delta x \qquad \text{由 } f(x) = x$$

$$= \frac{(x+1) - (x+0)}{(x+1) - (x+0)} \qquad \text{由差分運算子 } \Delta \text{ 的定義}$$

$$= 1$$

微分與差分同樣是 1，可知函數 $f(x) = x$ 的微分與差分一樣。

6.3.2　二次函數 x^2

接著，試著討論二次函數 $f(x) = x^2$。這個函數的微分與差分也會一樣嗎？

微分：

$$Df(x) = Dx^2 \qquad \text{由 } f(x) = x^2$$

$$= \lim_{h \to 0} \frac{(x+h)^2 - (x+0)^2}{(x+h) - (x+0)} \qquad \text{由微分運算子 } D \text{ 的定義}$$

$$= \lim_{h \to 0} \frac{2xh + h^2}{h} \qquad \text{整理}$$

$$= \lim_{h \to 0} (2x + h) \qquad \text{將 } h \text{ 約分}$$

$$= 2x$$

然後是差分：

$$\Delta f(x) = \Delta x^2 \qquad \textbf{由 } f(x)=x^2$$

$$= \frac{(x+1)^2 - (x+0)^2}{(x+1) - (x+0)} \qquad \textbf{由差分運算子 } \Delta \textbf{ 的定義}$$

$$= (x+1)^2 - x^2 \qquad \textbf{整理}$$

$$= 2x + 1$$

x^2 的微分是 $2x$，但差分卻是 $2x+1$，跟前面的 $f(x)=x$ 不同，微分與差分並不一致，這真是太無趣了。如果想要順利對應，該怎麼做呢？

問題 6-2

定義，對應連續世界中，函數 x^2 的離散世界函數。

……「該怎麼做？」我思考著米爾迦拋出的問題。想要對應微分與差分，但腦中始終沒有浮現出好點子。確認我想不出答案後，米爾迦用溫柔的語調緩緩開始說明。

◎　　◎　　◎

其實，對應連續世界的 x^2 與離散世界的 x^2 本來就不恰當哦。在離散世界中，試著用這個函數代替 x^2 來思考。

$$f(x) = (x-0)(x-1)$$

計算 $f(x) = (x - 0)(x - 1)$ 的差分：

$$
\begin{aligned}
\Delta f(x) &= \Delta(x - 0)(x - 1) \\
&= ((x + 1) - 0)((x + 1) - 1) - ((x + 0) - 0)((x + 0) - 1) \\
&= (x + 1) \cdot x - x \cdot (x - 1) \\
&= 2x
\end{aligned}
$$

你看，這樣就跟微分一致了。

換句話說，連續世界的 x^2，與離散世界的 $(x - 0)(x - 1)$ 相對應。

為了更加突顯乘冪 x^n 的對應，此處一併討論**遞降階乘**$x^{\underline{n}}$，像這樣的對應：

$$
\begin{array}{ccc}
乘冪 & \longleftrightarrow & 遞降階乘 \\
x^2 = x \cdot x & \longleftrightarrow & x^{\underline{2}} = (x - 0)(x - 1)
\end{array}
$$

如下全部寫出來，更能清楚看出對應關係：

$$
x^2 = \lim_{h \to 0} (x - 0)(x - h) \qquad \longleftrightarrow \qquad x^{\underline{2}} = (x - 0)(x - 1)
$$

解答 6-2　（離散世界的 x^2）

$$
x^{\underline{2}} = (x - 0)(x - 1)
$$

這裡所用的遞降階乘 $x^{\underline{n}}$，可如下定義：

遞降階乘的定義（n 為正整數）

$$x^{\underline{n}} = \underbrace{(x-0)(x-1)\cdots(x-(n-1))}_{n \text{ 個}}$$

舉例來說：

$$x^{\underline{1}} = (x-0)$$
$$x^{\underline{2}} = (x-0)(x-1)$$
$$x^{\underline{3}} = (x-0)(x-1)(x-2)$$
$$x^{\underline{4}} = (x-0)(x-1)(x-2)(x-3)$$

6.3.3　三次函數 x^3

那麼，再來討論 $f(x)=x^3$ 吧。

首先是微分：

$$Df(x) = Dx^3$$

$$= \lim_{h \to 0} \frac{(x+h)^3 - (x+0)^3}{(x+h)-(x+0)}$$

$$= \lim_{h \to 0} \frac{(x^3 + 3x^2h + 3xh^2 + h^3) - x^3}{h}$$

$$= \lim_{h \to 0} \frac{3x^2h + 3xh^2 + h^3}{h}$$

$$= \lim_{h \to 0} (3x^2 + 3xh + h^2)$$

$$= 3x^2 \qquad\qquad \text{留下的項不包含 } h$$

在離散的世界中，討論 x^3 對應的 $x^{\underline{3}} = (x - 0)(x - 1)(x - 2)$，計算 $x^{\underline{3}}$ 的差分：

$$
\begin{aligned}
\Delta f(x) &= \Delta x^{\underline{3}} \\
&= \Delta(x - 0)(x - 1)(x - 2) \\
&= ((x + 1) - 0)((x + 1) - 1)((x + 1) - 2) \\
&\quad - ((x + 0) - 0)((x + 0) - 1)((x + 0) - 2) \\
&= (x + 1)(x - 0)(x - 1) \\
&\quad - (x - 0)(x - 1)(x - 2) \\
&= \big((x + 1) - (x - 2)\big) \underbrace{(x - 0)(x - 1)}_{\text{提出因式}} \\
&= 3(x - 0)(x - 1) \\
&= 3x^{\underline{2}}
\end{aligned}
$$

運用遞降階乘 $x^{\underline{n}}$，就能夠正確對應微分與差分。

$$
\begin{array}{ccc}
x^3 & \longleftrightarrow & x^{\underline{3}} = (x - 0)(x - 1)(x - 2) \\
Dx^3 = 3x^2 & \longleftrightarrow & \Delta x^{\underline{3}} = 3x^{\underline{2}}
\end{array}
$$

一般化：

$$
\begin{array}{ccc}
x^n \text{的微分} & \longleftrightarrow & x^{\underline{n}} \text{ 的差分} \\
Dx^n = nx^{n-1} & \longleftrightarrow & \Delta x^{\underline{n}} = nx^{\underline{n-1}}
\end{array}
$$

6.3.4　指數函數 e^x

我們對微分運算子 D，定義了差分運算子 Δ，然後為了完全對應微分與差分，對乘冪 x^n 定義了遞降階乘 $x^{\underline{n}}$。

接著，要討論的是指數函數 e^x，也就是要去尋找離散世界的指數函數。

> **問題 6-3**
>
> 定義，對應連續世界指數函數 e^x 的離散世界函數。

　　指數函數 e^x 如同式子所示，是常數 e 的 x 次方函數。常數 e 是自然對數底數的無理數，數值為 $2.718281828\cdots\cdots$雖然這是重要的知識，但不妨把視野放得更廣大些來討論。

　　指數函數 e^x 在連續世界中，具有什麼樣的性質呢？

　　在此討論與微分有關的指數函數本質吧。

　　指數函數 e^x 最為重要的性質是「微分後形式不變」，也就是微分 e^x 所得到的函數仍是 e^x。既然本來就是如此定義常數 e，有這種結果也是理所當然。

　　「微分後形式不變」此性質可用微分運算子 D，表達為如下的微分方程式：

$$De^x = e^x$$

　　到這裡為止是連續世界中的指數函數。

　　然後，我們來討論離散世界的情況，假設所求的離散世界指數函數為 $E(x)$。如此一來，會希望 $E(x)$ 具有「差分後形式不變」的性質。這項性質可用差分運算子 Δ，表達為下面的式子。這是差分方程式：

$$\Delta E(x) = E(x)$$

　　根據運算子 Δ 的定義，展開左式：

$$E(x+1) - E(x) = E(x)$$

　　整理後，得到下面的遞迴關係式：

$$E(x + 1) = 2 \cdot E(x)$$

這個遞迴關係式對 0 以上的整數 x 即成立——這是函數 $E(x)$ 的性質。括號中每減 1 便乘 2，即可簡單展開這個遞迴關係式：

$$
\begin{aligned}
E(x + 1) &= 2 \cdot E(x) \\
&= 2 \cdot 2 \cdot E(x - 1) && \text{代入} E(x) = 2 \cdot E(x - 1) \\
&= 2 \cdot 2 \cdot 2 \cdot E(x - 2) && \text{代入} E(x - 1) = 2 \cdot E(x - 2) \\
&= 2 \cdot 2 \cdot 2 \cdot 2 \cdot E(x - 3) && \text{代入} E(x - 2) = 2 \cdot E(x - 3) \\
&= \cdots \\
&= 2^{x+1} \cdot E(0)
\end{aligned}
$$

最後得到下式：

$$E(x + 1) = 2^{x+1} \cdot E(0)$$

該怎麼定義 $E(0)$ 的值呢？我們可以配合 $e^0 = 1$，將其定義為 $E(0) = 1$。綜上所述，對應指數函數 e^x 的函數 $E(x)$，可定義如下：

$$E(x) = 2^x$$

如此便可列出如下的對應關係：

解答 6-3　（指數函數）

連續世界	$\longleftrightarrow$	離散世界
e^x	$\longleftrightarrow$	2^x

離散世界的指數函數是 2 的乘冪，是不是對應得非常恰當呢？

6.4   往返兩個世界的旅行

「微分 ↔ 差分」討論完後，接著來思考「積分 ↔ 和分」。結果如下：

$$\int 1 = x \qquad \longleftrightarrow \qquad \sum 1 = x$$

$$\int t = \frac{x^2}{2} \qquad \longleftrightarrow \qquad \sum t = \frac{x^{\underline{2}}}{2}$$

$$\int t^2 = \frac{x^3}{3} \qquad \longleftrightarrow \qquad \sum t^{\underline{2}} = \frac{x^{\underline{3}}}{3}$$

$$\int t^{n-1} = \frac{x^n}{n} \qquad \longleftrightarrow \qquad \sum t^{\underline{n-1}} = \frac{x^{\underline{n}}}{n}$$

$$\int t^n = \frac{x^{n+1}}{n+1} \qquad \longleftrightarrow \qquad \sum t^{\underline{n}} = \frac{x^{\underline{n+1}}}{n+1}$$

其中，假設 $\int$ 是全部的 $\int_0^x$、$\sum$ 是全部的 $\sum_{t=0}^{x-1}$，則能夠如下象徵性地對比：

$$D \qquad \longleftrightarrow \qquad \Delta$$
$$\int \qquad \longleftrightarrow \qquad \sum$$

若將 $\int$ 想成是羅馬文字 S、$\sum$ 想成是希臘文字 S，對比起來就更有意思了，彷彿連續的世界是羅馬，而離散的世界則是希臘。

◎   ◎   ◎

……我回想著米爾迦的話。根據連續世界的知識，我們探索了離散的世界。這與其說是追求嚴謹定義，不如說是追求恰當定義的過程。討論對應微分的差分，以此為基礎思考對應 x^n 的 x^n，再以類似微分方程式的差分方程式，找出對應 e^x 的 2^x。

在兩個世界之間往返旅行，這種自由的感覺是怎麼回事？這份快樂到底是從哪裡來的呢？

聽著米爾迦的話，讓我覺得就算沒有辦法在她的「鄰近距離」裡，至少希望能夠待在她的「鄰近間隔」。

◎　　◎　　◎

暫且不提這個……

「吶，米爾迦。剛才說的那個女孩，以後還會來問問題……」

「那個女孩？」

「我的學妹。」

「名字是？」

「——蒂蒂，她以後還會來找我問問題……」

「……所以，是叫我——不要再坐在你旁邊了？」米爾迦邊寫筆記本邊問，沒有看向我這邊。

「唉？——不，沒有這回事。米爾迦當然可以隨時坐在我旁邊，想做什麼都可以喔。我只是想說不要再踢開椅子……」

「我知道了。」米爾迦抬頭打斷我的話，莫名地露出了笑容。「你會在圖書室教你的學妹蒂蒂數學。我記住了，不用擔心。」

嗯——到底什麼不用擔心啊？

「回到數學上吧。吶，再來要討論什麼呢？」米爾迦問道。

第 7 章
卷積

這個解答好像還行，它看起來是正確的，
但如何思考才能得到這樣的解答呢？
這個實驗好像還行，它看起來是個事實，
但別人是如何發現這個事實的？
我自己該如何才能想出或發現它們呢？
——波利亞

7.1　圖書室

7.1.1　米爾迦

高中二年級的冬天。

「看過這個問題嗎？」

我走進放學後的圖書室，坐到喜歡的位子上，正準備開始計算的時候，米爾迦走了過來，在我面前放了一張紙，隨即用雙手撐著桌子站著。

「這是什麼？」我問道。

「村木老師給的問題。」她答道。

紙上這麼寫著：

問題 7-1

$$0 + 1 = (0 + 1)$$
加到 1 共有 1 種（$C_1 = 1$）。

$$0 + 1 + 2 = (0 + (1 + 2))$$
$$= ((0 + 1) + 2)$$
加到 2 共有 2 種（$C_2 = 2$）。

$$0 + 1 + 2 + 3 = (0 + (1 + (2 + 3)))$$
$$= (0 + ((1 + 2) + 3))$$
$$= ((0 + 1) + (2 + 3))$$
$$= ((0 + (1 + 2)) + 3)$$
$$= (((0 + 1) + 2) + 3)$$
加到 3 共有 5 種（$C_3 = 5$）。

$$0 + 1 + 2 + 3 + \cdots + n = ?$$
加到 n 共有幾種？（$C_n = ?$）

「題目好長啊，要是寫得再直白一點就好了。」我抬頭說道。

「嗯哼……寫得再直白一點？意思是題目要確實扼要、恰到好處、列出公式、定義用語、沒有歧義，而且嚴肅中不失親切，帶有打動人心的單純……嗎？」

「嗯，沒錯。」我說道。

「玩笑話就開到這裡。遞迴關係式很快就能列出來。」

「等一下，米爾迦，妳什麼時候拿到問題的？」

「午休到教師辦公室的時候。雖然有點偷跑，但我確實交給你了，你就從頭開始吧。我到那邊思考，待會見。」

米爾迦揮了揮手，優雅地走到窗邊的座位，我的目光一直追隨著她。窗外能看到葉子已經落光的梧桐樹，樹木的另一頭是冬季的藍天。天氣雖然晴朗，卻相當寒冷。

我和米爾迦同為高中二年級的學生，數學老師村木不時會出問題給我們，雖然老師有點奇怪，但他似乎滿中意我們的。

米爾迦擅長數學，我雖然也不差，卻贏不了她。我在圖書室享受推演數學式的樂趣時，她經常走過來搭話，拿走自動鉛筆擅自在我的筆記本上書寫並開始講解。這種時光也不會讓人覺得不愉快……

我喜歡聽米爾迦熱心講解，看著她閉眼沉思的表情也不錯，金屬框眼鏡跟她非常相配，臉龐清楚的線條也……

不，比起這些，還是回到問題上吧。她正在窗邊思考答案，剛才好像說已經列出遞迴關係式，或許過不久就會解開。

我來整理要解決的問題吧。

$0+1$、$0+1+2$、$0+1+2+3$、……題目列出這些式子，而且附加了括號。加到 1 共有 1 種、加到 2 共有 2 種、加到 3 共有 5 種，由此可知，題目是要求**括號的括法總數**，目標是算出 $0+1+2+3+\cdots+n$ 的括法總數。

n 代表什麼呢？數學式 $0+1+2+3+\cdots+n$ 從 0 開始相加，總共加了 $n+1$ 個數，故可將 n 想作是式子 $0+1+2+3+\cdots+n$ 中的「加號（$+$）個數」。

括號的括法規則又是什麼？加號的左右各有一個式子——稱為項，也就是如 $(0+1)$ 或 $(0+(1+2))$ 兩項的和（或者類似的組合），但不考慮 $(0+1+2)$ 這種三項的和。

根據題意探討**實例**，題目寫出了 $n=1,2,3$ 的情況，所以試著列出 $n=4$ 的情況吧。嗯……呃，出乎意料得多：

$$0+1+2+3+4 = (0+(1+(2+(3+4))))$$
$$= (0+(1+((2+3)+4)))$$
$$= (0+((1+2)+(3+4)))$$
$$= (0+((1+(2+3))+4))$$
$$= (0+(((1+2)+3)+4))$$
$$= ((0+1)+(2+(3+4)))$$
$$= ((0+1)+((2+3)+4))$$
$$= ((0+(1+2))+(3+4))$$
$$= (((0+1)+2)+(3+4))$$
$$= ((0+(1+(2+3)))+4)$$
$$= ((0+((1+2)+3))+4)$$
$$= (((0+1)+(2+3))+4)$$
$$= (((0+(1+2))+3)+4)$$
$$= ((((0+1)+2)+3)+4)$$

多達 14 種，也就是「加到 4 共有 14 種」。

我在列出時發現了規則性。找到規則性，代表接近「括號的括法總數」的遞迴關係式了。

舉出實例後，接著來**一般化**。題目是將有 n 個加號的「括號的括法總數」稱為 C_n，剛才算的加號有 4 個，所以 $C_4 = 14$。到目前為止，已知 $C_1 = 1$、$C_2 = 2$、$C_3 = 5$、$C_4 = 14$。啊，C_0 可視為 1 吧。統整成表格，如下：

n	0	1	2	3	4	...
C_n	1	1	2	5	14	...

C_5 應該會更大。那麼，下一步是「列出關於 C_n 的遞迴關係式」，然後最終目標是「列出關於 n 的 C_n 閉合式」。

正當我準備著手列出遞迴關係式，一位女孩從圖書室的門口小跑步過來。

是蒂蒂。

7.1.2　蒂蒂

「啊——學長。」蒂蒂跑到我的旁邊，慌張說道：「你已經開始念書了嗎，我來晚了嗎？」

蒂蒂是高中一年級的學妹，她總像是小松鼠、小狗或小貓一樣黏著我，不時會問一些數學的問題，除了詢問不懂的地方，有時也會觸及問題的核心，美中不足的是，她過於慌慌張張。

「嗯，很急嗎？」

「不會，沒有很急。沒關係，只是想問點事情而已。」蒂蒂邊向我揮著手邊後退三步。「打擾到學長就不好了，回去的路上再問……今天也會待到放學時間嗎？」

「是的，我應該會待到瑞谷老師趕人為止，要一起回家嗎？」

我偷偷瞄向窗邊，米爾迦端正地坐在桌前，注視著紙上的問題。由於她背對著我，看不見臉上的表情，但她並沒有做出任何動作。

「嗯，一起回家吧，放學後見。」

蒂蒂併攏腳跟行舉手禮，誇張敬禮後向右轉，直直走出圖書室，走出去的瞬間瞄了米爾迦一眼。

7.1.3　遞迴關係式

那麼，回到「括號的括法總數」的遞迴關係式吧。

從 0 到 4 有 5 個數，數與數之間有 4 個加號。仔細想想，現在想求的是括號的括法總數，實際相加的數字本身沒有意義。

換句話說，

$$((0+1)+(2+(3+4)))$$

可轉換成討論下式：

$$((A+A)+(A+(A+A)))$$

　　為了列出遞迴關係式，必須看清「括號」背後的結構，從中找出規則性。這個式子有四個加號，先來歸納三個加號以下的情況。換句話說，

$$\underbrace{((A+A)+(A+(A+A)))}_{\text{四個加號}}$$

這個規律也可理解為

$$(\underbrace{(A+A)}_{\text{一個加號}}+\underbrace{(A+(A+A))}_{\text{兩個加號}})$$

　　嗯哼，看出來了，最後的加號——請注意最後的加號加在什麼位置。以上式為例，從左邊數來第二個是最後的加號，式子會根據最後的加號分成左右兩個式子，將加號的位置由左依序移動，就能做到彼此獨立且沒有遺漏的分類，也就是分成不同的**類別**。有四個加號的式子可分成以下四種規律，將最後的加號圈起來，如下所示：

$$((A)\oplus(A+A+A+A))$$
$$((A+A)\oplus(A+A+A))$$
$$((A+A+A)\oplus(A+A))$$
$$((A+A+A+A)\oplus(A))$$

這個分類包含如 $(A+A+A+A)$ 中間沒有括號、相加三項以上的式子，但這能夠歸入加號個數更少的情況。嗯，如此便能夠列出遞迴關係式。

四個加號的規律，也就是

$$(A+A+A+A+A) \text{ 的規律}$$

能夠分類為下面的規律：

$(A \text{ 的規律}) \text{ 分別對應} ((A+A+A+A) \text{ 的規律})$
$(A+A \text{ 的規律}) \text{ 分別對應} ((A+A+A) \text{ 的規律})$
$(A+A+A \text{ 的規律}) \text{ 分別對應} (A+A \text{ 的規律})$
$(A+A+A+A \text{ 的規律}) \text{ 分別對應} (A \text{ 的規律})$

轉為討論「規律的個數」，只要假設「式子有 n 個加號的括法總數」為 C_n，就能列出關於 C_n 的遞迴關係式。

關注「分別對應」的表達意為「情況數的積」，$n=4$ 時，C_4 是下述四項的總和。

$$C_0 \times C_3, \quad C_1 \times C_2, \quad C_2 \times C_1, \quad C_3 \times C_0$$

換句話說，C_4 可如下寫成：

$$C_4 = C_0 C_3 + C_1 C_2 + C_2 C_1 + C_3 C_0$$

不錯，這樣便能夠一般化：

$$C_{n+1} = C_0 C_{n-0} + C_1 C_{n-1} + \cdots + C_k C_{n-k} + \cdots + C_{n-0} C_0$$

出現了形式漂亮的式子。用 $\sum$ 讓結構更清楚吧。

$$C_0 = 1$$
$$C_{n+1} = \sum_{k=0}^{n} C_k C_{n-k} \quad (n \geq 0)$$

　　很好，遞迴關係式完成了。

　　趕緊**驗算**看看。

$$C_0 = 1$$

$$C_1 = \sum_{k=0}^{0} C_k C_{0-k} = C_0 C_0 = 1$$

$$C_2 = \sum_{k=0}^{1} C_k C_{1-k} = C_0 C_1 + C_1 C_0 = 1 + 1 = 2$$

$$C_3 = \sum_{k=0}^{2} C_k C_{2-k} = C_0 C_2 + C_1 C_1 + C_2 C_0 = 2 + 1 + 2 = 5$$

$$C_4 = \sum_{k=0}^{3} C_k C_{3-k} = C_0 C_3 + C_1 C_2 + C_2 C_1 + C_3 C_0 = 5 + 2 + 2 + 5 = 14$$

　　1、1、2、5、14，答案跟前面的實例吻合。

　　終於來到米爾迦剛才說的「遞迴關係式很快就能列出來」，還真花了不少時間啊。

　　「放學時間到了。」

　　管理員瑞谷老師過來提醒大家。老師總是穿著緊身裙，戴著容易被誤以為太陽眼鏡的深色眼鏡。她平時待在最裡面的管理員室，時間一到就會悄然無聲地出現在圖書室中央，向大家宣布放學時間到了，就像時鐘一樣。

　　對了，米爾迦呢？

　　我環視圖書館，沒有看見她的蹤影。

C_n **的遞迴關係式**

$$\begin{cases} C_0 & = & 1 \\ C_{n+1} & = & \sum_{k=0}^{n} C_k C_{n-k} \quad (n \geq 0) \end{cases}$$

7.2　回家路上討論一般化

「學長，什麼是『一般化』？」蒂蒂閃亮的雙眼看著我，用清脆的聲音問道。

我和蒂蒂並肩走向車站。我曾試著尋找米爾迦，卻到處都找不到，也沒有看見她的書包，應該是先回去了吧。總覺得心裡不太舒暢，她應該解決了村木老師的問題，但總可以先打聲招呼再回去吧。

天色逐漸昏暗，但路燈尚未亮起。我們走在住宅區間複雜的小路上，這是從學校到車站的最短路徑。平時蒂蒂總是匆匆忙忙的，但在回家的路上，她的步伐卻不可思議地緩慢，我也放慢了速度來配合她的腳步。

「文字描述一般化不太容易，就以數學公式來說好了，假設公式包含 2、3 等具體的數字，將其轉為對任意整數 n 皆成立的公式，就是具代表性的『一般化』。」

「對任意整數 n 皆成立的公式……嗎？」

「是的，不是對 2、3 等個別數字的公式。整數存在無限多個，沒辦法一一列舉對 2、3、4、……的公式。不，我們能夠列舉幾個，但無法列舉全部。取而代之，我們會列出含有變數 n 的式子，使變數 n 代入任意整數皆成立，這就是『對任意整數皆成立的公式』，也可表達為『對所有整數皆成立』。」

「變數 n……」

「進行一般化時，經常會出現新的變數，也就是所謂的『導入變數一般化』。」

蒂蒂突然打了一個大噴嚏。

「會冷嗎？話說回來……妳沒戴圍巾。」

「嗯，今天早上匆匆忙忙出門……」她吸著鼻子答道。

「那麼，這個借妳。要是不嫌棄就用吧。」我把自己的圍巾拿給她。

「謝、謝謝。——哇，好溫暖……不過，這樣一來學長會冷吧。」

「沒問題、沒問題。」

「對不起，要是也能夠『分配』圍巾就好了。」

「——還真是大膽呢。」

「哎？……不是、不是啦，我不是那個意思……」她慌張地上下揮舞手臂，我咯咯地笑著。

「話、話說回來，剛才的『對任意整數皆成立的公式』，能夠再講得仔細一點嗎？」蒂蒂趕緊拉回話題，反覆上下擺動手臂，恢復姿勢。

「好的。不過，走路沒辦法寫數學式，這樣不方便說明。若是有時間，要不要去咖啡店『BEANS』呢？」

「有時間、有時間！」蒂蒂突然加快腳步追過我。被層層圍巾圍著的她看起來非常可愛。

「學長，快點。」蒂蒂轉頭催我，口中吐出白色的氣息。

7.3 在「BEANS」討論二項式定理

在車站前的「BEANS」，我們邊喝著咖啡邊展開數學式。

比如，數學有這樣的公式：

$$(x + y)^2 = x^2 + 2xy + y^2$$

「嗯……這是關於 x 和 y 的恆等式嘛。」

是的，這表示了 $x+y$ 平方後展開式子的情況。下面的式子是三次方：

$$(x + y)^3 = x^3 + 3x^2y + 3xy^2 + y^3$$

到這邊沒問題，我們接下來嘗試「一般化」這個公式的指數。換句話說，不是平方或者立方，而是轉為「n 次方的公式」以求 $(x+y)^n$ 的展開式。

問題 7-2

假設 n 為 1 以上的整數，試著展開下面的式子。

$$(x + y)^n$$

首先，在一般化之前，先來整理已經曉得的知識，**舉出實例**來觀察吧。這也是確認自己是否理解問題，「舉例為理解的試金石」。$(x+y)^n$ 代入 $n = 1, 2, 3, 4$ 後，如下所示：

$$(x + y)^1 = x + y$$
$$(x + y)^2 = x^2 + 2xy + y^2$$
$$(x + y)^3 = x^3 + 3x^2y + 3xy^2 + y^3$$
$$(x + y)^4 = x^4 + 4x^3y + 6x^2y^2 + 4xy^3 + y^4$$

然後，進行**一般化**，要求的是像下面這樣的式子。

$$(x + y)^n = x^n + \cdots + y^n$$

由式子可知會出現 x^n 項和 y^n 項，只要把 $x^n + \cdots + y^n$ 的刪節號部分填起來就行了。

「……我不記得了，對不起。」蒂蒂說道。

不對、不對，不是回想起來，而是要思考、探討。

試著如下探討吧。

$$(x+y)^1 = (x+y)$$
$$(x+y)^2 = (x+y)(x+y)$$
$$(x+y)^3 = (x+y)(x+y)(x+y)$$
$$(x+y)^4 = (x+y)(x+y)(x+y)(x+y)$$
$$\vdots$$
$$(x+y)^n = \underbrace{(x+y)(x+y)(x+y)\cdots(x+y)}_{n\ 個}$$

「這個我知道，$(x+y)^n$ 就是 $(x+y)$ 自乘 n 次嘛。」

是的。當 n 個 $(x+y)$ 相乘，是從每個 $(x+y)$ 選出 x 或 y 相乘。以三次方為例，是從三個 $(x+y)$ 各選出 x 或 y 相乘。在探討所有選擇方式時，試著將選出的 x 和 y 畫上圈號。

$$\big(\textcircled{x}+y\big)\big(\textcircled{x}+y\big)\big(\textcircled{x}+y\big) \quad \rightarrow \quad xxx = x^3$$
$$\big(\textcircled{x}+y\big)\big(\textcircled{x}+y\big)\big(x+\textcircled{y}\big) \quad \rightarrow \quad xxy = x^2y$$
$$\big(\textcircled{x}+y\big)\big(x+\textcircled{y}\big)\big(\textcircled{x}+y\big) \quad \rightarrow \quad xyx = x^2y$$
$$\big(\textcircled{x}+y\big)\big(x+\textcircled{y}\big)\big(x+\textcircled{y}\big) \quad \rightarrow \quad xyy = xy^2$$
$$\big(x+\textcircled{y}\big)\big(\textcircled{x}+y\big)\big(\textcircled{x}+y\big) \quad \rightarrow \quad yxx = x^2y$$
$$\big(x+\textcircled{y}\big)\big(\textcircled{x}+y\big)\big(x+\textcircled{y}\big) \quad \rightarrow \quad yxy = xy^2$$
$$\big(x+\textcircled{y}\big)\big(x+\textcircled{y}\big)\big(\textcircled{x}+y\big) \quad \rightarrow \quad yyx = xy^2$$
$$\big(x+\textcircled{y}\big)\big(x+\textcircled{y}\big)\big(x+\textcircled{y}\big) \quad \rightarrow \quad yyy = y^3$$

列出所有情況後，再全部加起來：

$$xxx + xxy + xyx + xyy + yxx + yxy + yyx + yyy$$
$$= x^3 + x^2y + x^2y + xy^2 + x^2y + xy^2 + xy^2 + y^3$$

成為

$$x^3 + 3x^2y + 3xy^2 + y^3$$

這就是我們要求的式子。將「和的積」$(x+y)(x+y)(x+y)$ 轉為「積的和」$x^3+3x^2y+3xy^2+y^3$，就是所謂的展開。反之，「積的和」轉為「和的積」是因式分解。

「嗯，我明白了。……總覺得 xxx、xxy、xyx、……、yyy 排列方式好像有規則性。」

是的，很敏銳嘛，蒂蒂。

「嘿嘿──」她害羞地微微吐出舌頭。

那麼，繼續講下去吧。從 n 個 $(x+y)$ 選出 x 或 y 其中之一，「完全選擇 x 的選法」共有幾種呢？

「嗯……如果完全選出 x ……只有 1 種。」

是的。那麼，「x 有 $n-1$ 個、1 個 y 的選法」呢？

「嗯……最右邊選 y、其他選 x；右邊數來第二個選 y……這樣會有 n 種！」

是的，正確答案。那麼，我們來一般化，「選出 $n-k$ 個 x、k 個 y 的選法」共有幾種？

「嗯……n 是 $(x+y)$ 的個數，但 k 是什麼？」

妳問得很好。k 是為了一般化而導入的變數，表示選出 y 的個數。k 為整數，滿足 $0 \leq k \leq n$ 的條件。我剛才問的兩題是 $k=0$（完全選擇 x 的選法）和 $k=1$（只有 1 個 y 的選法）的情況。

「啊……意思是從 n 個裡面選出 k 個的情況數。因為選擇順序已經決定好了，所以算是組合……吧。」

是的。這是組合，選出 k 個 y、$n-k$ 個 x 的組合，可表示為下式：

$$\binom{n}{k} = \frac{(n-0)(n-1)\cdots(n-(k-1))}{(k-0)(k-1)\cdots(k-(k-1))}$$

這是 $x^{n-k}y^k$ 的係數。

「學長，我有問題。」蒂蒂直直地舉起右手，「$\binom{n}{k}$ 是什麼？組合的符號是 $_nC_k$，若是這個我還知道……」

是的，$\binom{n}{k}$ 和 $_nC_k$ 完全一樣。在數學書籍中，經常會看到組合寫成 $\binom{n}{k}$。對了，矩陣、向量的寫法也跟 $\binom{n}{k}$ 類似，但與組合沒有關係。

「好的，我明白了。還有一個問題，組合我記得是

$$_nC_k = \frac{n!}{k!(n-k)!}$$

這跟學長的式子不太一樣耶。」

不，將 $(n-k)!$ 部分約分後，會發現其實是一樣的東西。比如，從 5 個裡面選出 3 個的組合是……

$$_5C_3 = \frac{5!}{3!(5-3)!}$$

$$= \frac{5!}{3! \cdot 2!}$$

$$= \frac{5 \cdot 4 \cdot 3 \cdot 2 \cdot 1}{3 \cdot 2 \cdot 1 \cdot 2 \cdot 1}$$

$$= \frac{5 \cdot 4 \cdot 3 \cdot \cancel{2} \cdot \cancel{1}}{3 \cdot 2 \cdot 1 \cdot \cancel{2} \cdot \cancel{1}}$$

$$= \frac{5 \cdot 4 \cdot 3}{3 \cdot 2 \cdot 1}$$

$$= \binom{5}{3}$$

吶，一樣吧。

組合若用**遞降階乘**表示會更簡潔。遞降階乘寫成 $x^{\underline{n}}$，就如同下降 n 個階梯的乘積喔。換句話說，就像這樣：

$$x^{\underline{n}} = \underbrace{(x-0)(x-1)(x-2)\cdots(x-(n-1))}_{n\ \text{個因式}}$$

普通階乘 $n!$ 可用遞降階乘寫為

$$n! = n^{\underline{n}}$$

使用遞降階乘，$\binom{n}{k}$ 可簡化寫為

$$\binom{n}{k} = \frac{n^{\underline{k}}}{k^{\underline{k}}}$$

從 n 個裡面選 k 個的組合數

$$\begin{aligned}
{}_n C_k &= \binom{n}{k} \\
&= \frac{n!}{k!(n-k)!} \\
&= \frac{(n-0)(n-1)\cdots(n-(k-1))}{(k-0)(k-1)\cdots(k-(k-1))} \\
&= \frac{n^{\underline{k}}}{k^{\underline{k}}}
\end{aligned}$$

「嗯、那個……」

抱歉，稍微離題了，言歸正傳吧。我們得到了 $(x+y)^n$ 的展開式，為了突顯規則性，會寫得比較冗長一點。

$$(x+y)^n = (\text{選 0 個 } y)$$
$$+(\text{選 1 個 } y)$$
$$+\cdots$$
$$+(\text{選 } k \text{ 個 } y)$$
$$+\cdots$$
$$+(\text{選 } n \text{ 個 } y)$$

$$= \binom{n}{0} x^{n-0} y^0$$
$$+\binom{n}{1} x^{n-1} y^1$$
$$+\cdots$$
$$+\binom{n}{k} x^{n-k} y^k$$
$$+\cdots$$
$$+\binom{n}{n} x^{n-n} y^n$$

　　請注意各項的變化部分，用 $\sum$ 表示可得到下式。這個式子稱為**二項式定理**。

解答 7-2 $(x+y)^n$ 的展開（二項式定理）

$$(x+y)^n = \sum_{k=0}^{n} \binom{n}{k} x^{n-k} y^k$$

　　若一開始就提出這個展開式會不容易記住吧。不過，只要有自己動手推導公式的經驗，就不會覺得太難記。持續練習到即便忘記也能自己推導公式，然後自然而然就會記住，以後再也不需要推導了——雖然感覺挺矛盾的，但也頗為有趣。

「學長……自從出現 ∑ 後感覺突然變難了……」

如果擔心，也可以具體寫出 ∑ 表示的項，像是 $k=0$ 時、$k=1$ 時、$k=2$ 時的情況等。在習慣之前很重要。

「好的。……不過，沒想到『組合』會出現在這種地方。學習機率的時候，我記得選出紅球和白球的組合數問題要做一堆乘法，運算變得像是在練習約分。但是，沒有想到數學式的展開也會出現組合數。」

那麼，接著是**驗算**。討論具體例子、一般化後，務必要進行驗算。這裡不能偷懶，代入 $n=1,2,3,4$ 確認吧。

$$(x + y)^1 = \sum_{k=0}^{1} \binom{1}{k} x^{1-k} y^k$$
$$= \binom{1}{0} x^1 y^0 + \binom{1}{1} x^0 y^1$$
$$= x + y$$

$$(x + y)^2 = \sum_{k=0}^{2} \binom{2}{k} x^{2-k} y^k$$
$$= \binom{2}{0} x^2 y^0 + \binom{2}{1} x^1 y^1 + \binom{2}{2} x^0 y^2$$
$$= x^2 + 2xy + y^2$$

$$(x + y)^3 = \sum_{k=0}^{3} \binom{3}{k} x^{3-k} y^k$$
$$= \binom{3}{0} x^3 y^0 + \binom{3}{1} x^2 y^1 + \binom{3}{2} x^1 y^2 + \binom{3}{3} x^0 y^3$$
$$= x^3 + 3x^2 y + 3xy^2 + y^3$$

$$(x + y)^4 = \sum_{k=0}^{4} \binom{4}{k} x^{4-k} y^k$$
$$= \binom{4}{0} x^4 y^0 + \binom{4}{1} x^3 y^1 + \binom{4}{2} x^2 y^2 + \binom{4}{3} x^1 y^3 + \binom{4}{4} x^0 y^4$$
$$= x^4 + 4x^3 y + 6x^2 y^2 + 4xy^3 + y^4$$

　　蒂蒂一一確認式子後，點了點頭：「雖然公式裡出現一堆文字，會讓人覺得『哇！好繁雜！』但想到這是一般化的結果，就覺得可以接受了，文字增多也是沒有辦法的事。」

　　為了代替無限多個具體公式，運用了一個導入變數 n 的公式。這就是一般化公式，各項的部分也用變數 k 進行一般化。

「嗯，但是……$n-k$ 和 k 混在一起，感覺有點難記。」

不要各別討論 $n-k$ 和 k，而要想成「兩者總和為 n」，從 0 改變到 n 來分配總和。一開始 x 的指數是最大的 n，而 y 的指數是最小的 0；然後，x 的指數每減少 1，y 的指數就增加 1；最後 x 的指數變成最小的 0，而 y 的指數是最大的 n。如此一來，k 則是目前的分配位置。

```
k = 0      x  x  x  x  x  x|
k = 1      x  x  x  x  x|y
k = 2      x  x  x  x|y  y
k = 3      x  x  x|y  y  y
k = 4      x  x|y  y  y  y
k = 5      x|y  y  y  y  y
k = 6      |y  y  y  y  y  y
```

「啊……從 x 慢慢移動到 y 嘛。」

沒錯。將全部的 n 次方分配給 x 與 y，就像「共用」圍巾一樣。

「學、學長！不要取笑我了啦……」

7.4 在自家解生成函數的積

夜深人靜，父母都睡著了。我獨自一人在房間裡靜心沉思。C_n 的遞迴關係式已經完成了。

$$C_0 = 1$$

$$C_{n+1} = \sum_{k=0}^{n} C_k C_{n-k} \quad (n \geq 0)$$

接下來，我想嘗試一件事，就是用**生成函數**的解法。

米爾迦和我曾經求過費氏數列的一般項，當時她是對應數列與生成函數。我們在兩個國度——「數列的國度」與「生成

函數的國度」之間往返。

我攤開筆記本，一邊在記憶搜尋中，一邊開始書寫。

給予一數列 $\langle a_0, a_1, a_2, \cdots, a_n, \cdots \rangle$，探討係數為數列各項的冪級數 $a_0 + a_1 x + a_2 x^2 + \cdots + a_n x^n + \cdots$，這就是生成函數。然後，考慮下面的對應關係，將數列與生成函數視為相同的概念。

$$數列 \qquad \longleftrightarrow \qquad 生成函數$$
$$\langle a_0, a_1, a_2, \ldots, a_n, \ldots \rangle \qquad \longleftrightarrow \qquad a_0 + a_1 x + a_2 x^2 + \cdots + a_n x^n + \cdots$$

如此對應後，無窮延續的數列就可表示為單一生成函數，而將生成函數轉為閉合式後，即可得到美妙的式子——數列一般項的閉合式。

米爾迦和我用生成函數，求得費氏數列的一般項，就像用生成函數的一條線，串起了快要從手中掉落的數列。那真是令人興奮的經驗。

我想將前面的解法套用在這裡的問題上。

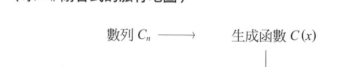

（求 C_n 閉合式的旅行地圖）

$$數列\ C_n \longrightarrow \qquad 生成函數\ C(x)$$
$$\downarrow$$
$$數列\ C_n\ 的閉合式 \longleftarrow 生成函數\ C(x)\ 的閉合式$$

假設式子是由 n 個加號構成，而括號的括法總數為 C_n，討論數列 $\langle C_0, C_1, C_2, \cdots, C_n, \cdots \rangle$。

接著，作出這個數列的生成函數為 $C(x)$。x 是為了不讓數列混亂而生成的形式參數（formal parameters），x^n 的指數 n 對應

C_n 的下標 n，則 $C(x)$ 如下所示：

$$C(x) = C_0 + C_1 x + C_2 x^2 + \cdots + C_n x^n + \cdots$$

到這裡為止都只是根據生成函數的定義，完全不必動腦。沒錯，前往生成函數的國度其實很簡單。

接下來就需要動動腦筋了。

現在，手上的武器只有 C_n 的遞迴關係式，下一步是使用遞迴關係式**求出 $C(x)$ 的閉合式**——求出 $C(x)$ 的「關於 x 的閉合式」，這個式子應該不會出現 n。

不過……這裡的遞迴關係式不像費氏數列時一樣單純，我記得當時是生成函數乘以 x，進行「錯移」係數的操作，然後相加減，消去 n。

但是，這裡的遞迴關係式 $C_{n+1} = \sum\limits_{k=0}^{n} C_k C_{n-k}$ 感覺相當麻煩，以 $\sum$ 相加 $C_k C_{n-k}$ 的乘積，轉為複雜的「積的和」形式。

嗯？

「積的和」……嗎？

而且，C_k 和 C_{n-k} 的「下標總和為 n」……嗎？

喔——

我想起自己對蒂蒂說過的話。

> ……不是個別探討 $n-k$ 和 k，而是想成「兩者總和為 n」，從 0 變換到 n 來分配總和……

這裡的遞迴關係式 $\sum_{k=0}^{n} C_k C_{n-k}$ 也很類似，C_k 和 C_{n-k} 的下標總和為 n，且 k 會從 0 變換到 n 來分配總和，。

剛才得到的遞迴關係式 $C_{n+1} = \sum_{k=0}^{n} C_k C_{n-k}$ 的意思是，若能巧妙作成 $\sum_{k=0}^{n} C_k C_{n-k}$ 的「積的和」，則能夠變換成 C_{n+1} 這

個簡化的項。

仔細想想，哪些情況會出現「積的和」。

　　　　……將「和的積」$(x+y)(x+y)(x+y)$ 轉為「積的和」$x^3 + 3x^2y + 3xy^2 + y^3$，就是所謂的展開……

「和的積」展開後變成「積的和」嗎？

好。

關鍵似乎在乘積，試著列出**生成函數的乘積**吧，動手計算肯定能夠發現什麼。

生成函數只有 $C(x)$，平方後會出現什麼呢……？生成函數是

$$C(x) = C_0 + C_1 x + C_2 x^2 + \cdots + C_n x^n + \cdots$$

平方後……則是

$$C(x)^2 = (C_0 C_0) + (C_0 C_1 + C_1 C_0)x + (C_0 C_2 + C_1 C_1 + C_2 C_0)x^2 + \cdots$$

常數項是 $C_0 C_0$，x 項係數是 $C_0 C_1 + C_1 C_0$，x^2 項係數是 $C_0 C_2 + C_1 C_1 + C_2 C_0$ 啊。

那麼，試著一般化——我回想起蒂蒂那雙大眼睛——寫出 $C(x)^2$ 的 x^n 項係數吧。

周圍只剩下自動鉛筆書寫的沙沙聲。

……完成了，這就是 x^n 的係數。

$$C_0 C_n + C_1 C_{n-1} + \cdots + C_k C_{n-k} + \cdots + C_{n-1} C_1 + C_n C_0$$

注意下標的部分，$C_k C_{n-k}$ 的左下標 k 逐漸變大、右下標 $n-k$ 漸逐漸變小，k 則是從 0 變換到 n。

寫得這麼冗長反而不容易理解，用 $\sum$ 一般化後，x^n 的係數為

$$\sum_{k=0}^{n} C_k C_{n-k}$$

由於這是 $C(x)^2$ 的「x^n 項係數」，式子 $C(x)^2$ 是雙重和的形式……可寫為

$$C(x)^2 = \sum_{n=0}^{\infty} \underbrace{\left(\sum_{k=0}^{n} C_k C_{n-k} \right)}_{x^n 項係數} x^n$$

出來了。

求出來了。

求出形式漂亮的「積的和」$\sum_{k=0}^{n} C_k C_{n-k}$ 了。完成形式漂亮的「積的和」後，再用遞迴關係式簡化這個部分。根據遞迴關係式，

$$\sum_{k=0}^{n} C_k C_{n-k}$$

可改寫為簡化的項：

$$C_{n+1}$$

換句話說……

能夠大幅簡化生成函數 $C(x)$ 的平方，將 $\sum_{k=0}^{n} C_k C_{n-k}$ 換為 C_{n+1} 吧。

$$C(x)^2 = \sum_{n=0}^{\infty} \left(\sum_{k=0}^{n} C_k C_{n-k} \right) x^n$$
$$= \sum_{n=0}^{\infty} C_{n+1} x^n$$

喔喔，雙重和變成單重和了！

等一下，C_{n+1} 下標與 x^n 指數相差了 1。

嗯……啊，對了，在費氏數列也曾遇過消除差距的情況，相差多少次方就乘上多少 x，兩邊同乘 x，

$$x \cdot C(x)^2 = x \cdot \sum_{n=0}^{\infty} C_{n+1} x^n$$

將右邊的 x 加入 $\sum$ 中，

$$x \cdot C(x)^2 = \sum_{n=0}^{\infty} C_{n+1} x^{n+1}$$

配合下標與指數，將 $n=0$ 的部分轉為 $n+1=1$，

$$x \cdot C(x)^2 = \sum_{n+1=1}^{\infty} C_{n+1} x^{n+1}$$

然後，將 $n+1$ 全部機械地換成 n。

$$x \cdot C(x)^2 = \sum_{n=1}^{\infty} C_n x^n$$

很好，這樣右邊的 $\sum_{n=1}^{\infty} C_n x^n$ 就幾乎等於生成函數 $C(x)$ 了，只剩下減掉 C_0 的部分。

$$x \cdot C(x)^2 = \sum_{n=0}^{\infty} C_n x^n - C_0$$

這樣就消掉 n 了！

$$x \cdot C(x)^2 = C(x) - C_0$$

用 $C_0 = 1$ 整理式子，

$$x \cdot C(x)^2 - C(x) + 1 = 0$$

得到關於 $C(x)$ 的**二次方程式**。假設 $x \neq 0$，求解可得下式：

$$C(x) = \frac{1 \pm \sqrt{1-4x}}{2x}$$

嗯。

一切順利。

由生成函數的乘積，完成形式漂亮的「積的和」，推導出閉合式。沒想到生成函數的乘積這麼強大。

然而，不知為何會有一正一負兩個生成函數 $C(x)$，而且 $\sqrt{1-4x}$ 的部分也不曉得該怎麼處理？謎題似乎變得更複雜了。

無論如何，n 已經消掉。

我得到了生成函數 $C(x)$ 的閉合式。

接下來，只要進行冪級數展開這個閉合式即可。

7.5 圖書室

7.5.1 米爾迦的解

隔天放學後的圖書室裡，米爾迦坐在我的旁邊。

「原本想用遞迴關係式——」米爾迦快速地說：「——但中途改變方針了。」

「唉？妳不是用遞迴關係式解開了嗎？」

「用遞迴關係式解不開，沒有找到好的對應。」

（好的對應？）

我攤開筆記本，米爾迦立即開始在上面書寫。

「比如，探討 $n=4$ 的這個式子：

$$((0 + 1) + (2 + (3 + 4)))$$

仔細觀察可知，即使像這樣消去『閉括號（closing parenthesis）』也能夠復原。

$$((0 + 1 + (2 + (3 + 4$$

多虧『加號連結兩個項』的限制，才能夠復原括號。」

「原來如此，只要在出現第二個項的地方，插入閉括號就行了。」我稍微想了一下答道。我做到 $((A+A)(A+(A+A)))$ 就停下來，但沒想到還可以再簡化。

米爾迦微微揚起嘴角，露出微笑。

「甚至，連數字都不必寫出來，直接表示

$$((+ + (+ (+$$

這樣也能夠復原，在加號的左側填入數字即可，只有最後的 4 要寫在加號的右側。」

「原來如此。」我說道。

「簡單來說，括號的括法總數可想成是『開括號』與『加號』的排列組合，以 $n=4$ 為例，是探討 4 個開括號與 4 個加號的情況數，假設排列 8 個 * 符號，

$$* * * * * * * *$$

然後，將其中 4 個變成開括號，

$$((* (* (*$$

再將沒有變成開括號，剩下來的 * 符號自動變成加號，

$$(\ (\ + \ + \ (\ + \ (\ +$$

　　討論從 8 個符號（括號與加號各 4 個）中，選出 4 個變成開括號的組合為 $\binom{8}{4}$。這是 $n=4$ 的情況，通常從 $2n$ 個符號（括號與加號各 n 個）中，選出 n 個變成開括號的組合數為 $\binom{2n}{2}$。——這樣的組合相當於下圖方格路徑的最短路徑數，從左下的 S 出發到右上的 G，以箭頭表示的道路對應 $(\ (\ + \ + \ (\ + \ (\ +$ 的符號列。」

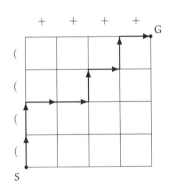

　　「那麼，接下來……」

　　「等一下——」我打斷滔滔不絕的米爾迦。

　　「米爾迦，有點不對勁。因為這不會是從 8 個中任選 4 個，比如就算括號與加號各取 4 個，也無法排成這樣啊。

$$(\ (\ + \ + \ + \ + \ (\ ($$

　　在妳的圖上，畫出對應 $(\ (\ + \ + \ + \ + \ (\ ($ 的路徑就可以知道，這張圖表不能計算經過交叉點○再到達終點。」

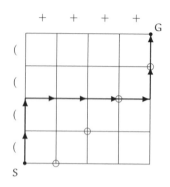

被打斷話的米爾迦抱怨：「我還沒說完。」

◎　◎　◎

我還沒說完。在排列括號與加號時，必須有加號數量不得超過括號數量的限制。

加號數量超過括號數量，如同你所說的就是通過上圖中○的情況。不通過○地從 S 到 G 的情況數等於 C_n。

不考慮限制時，從 S 到 G 的情況數是 $\binom{2n}{2}$。

那麼，從 S 到 G 至少通過一次○的情況數有多少呢？

假設初次經過○的地方為 P，將 P 後面的行進方向全部交替轉換。把斜虛線想成是鏡子，從 P→G 途中的→改成↑、↑改成→，最後抵達終點不是 G 而是 G'。

G'是 G 在鏡中的投影點，簡單來說，就是將((+ + + + ((換成((+ + + (+ + 。

這樣想來，通過○的情況數會一一對應從 S 到 G' 的情況數，變成從縱橫 $2n$ 條的短路徑中，選出 $n+1$ 條橫向路徑的組合，也就是 $\binom{2n}{n+1}$。

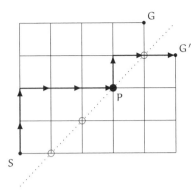

換句話說，下式成立：

$$C_n = （從 S 到 G 的路徑數）-（從 S 到 G' 的路徑數）$$

接著就是計算了。快點快點，全部轉換成遞降階乘吧。

$$C_n = \binom{2n}{n} - \binom{2n}{n+1}$$

$$= \frac{(2n)^{\underline{n}}}{(n)^{\underline{n}}} - \frac{(2n)^{\underline{n+1}}}{(n+1)^{\underline{n+1}}} \qquad \textbf{使用} \binom{n}{k} = \frac{n^{\underline{k}}}{k^{\underline{k}}}$$

$$= \frac{(n+1)\cdot(2n)^{\underline{n}}}{(n+1)\cdot(n)^{\underline{n}}} - \frac{(2n)^{\underline{n}}\cdot(n)}{(n+1)\cdot(n)^{\underline{n}}} \qquad \textbf{通分}$$

這個通分的第二項不太好懂吧。只要思考遞降階乘的意義，應該自然就能夠明白，但我還是補充一下。

分子的部分這樣變形，提出 (n) 的「尾巴」。

$$(2n)^{\underline{n+1}} = (2n)\cdot(2n-1)\cdot(2n-2)\cdots(n+1)\cdot(n)$$
$$= (2n)^{\underline{n}}\cdot(n)$$

然後，分母的部分這樣變形，提出 $(n+1)$ 的「頭」。

$$(n+1)^{\underline{n+1}} = (n+1)\cdot(n)\cdot(n-1)\cdots 2\cdot 1$$
$$= (n+1)\cdot(n)^{\underline{n}}$$

接著，繼續計算 C_n 吧。通分後，

$$C_n = \frac{(n+1) \cdot (2n)^{\underline{n}} - (2n)^{\underline{n}} \cdot (n)}{(n+1) \cdot (n)^{\underline{n}}}$$

$$= \frac{((n+1) - (n)) \cdot (2n)^{\underline{n}}}{(n+1) \cdot (n)^{\underline{n}}} \qquad \textbf{分子提出} (2n)^{\underline{n}}$$

$$= \frac{1}{n+1} \cdot \frac{(2n)^{\underline{n}}}{(n)^{\underline{n}}} \qquad \textbf{整理}$$

$$= \frac{1}{n+1} \binom{2n}{n} \qquad \textbf{使用} \frac{n^{\underline{k}}}{k^{\underline{k}}} = \binom{n}{k}$$

由此可知，式子由 n 個加號構成時，括號的括法總數如下：

$$C_n = \frac{1}{n+1} \binom{2n}{n}$$

好，這樣就告一個段落了。驗算看看吧。

◎　　◎　　◎

我一邊計算，一邊為米爾迦的簡單解法感到震驚。

$$C_1 = \frac{1}{1+1} \binom{2}{1} = \frac{1}{2} \cdot \frac{2}{1} \qquad\quad = 1$$

$$C_2 = \frac{1}{2+1} \binom{4}{2} = \frac{1}{3} \cdot \frac{4 \cdot 3}{2 \cdot 1} \qquad = 2$$

$$C_3 = \frac{1}{3+1} \binom{6}{3} = \frac{1}{4} \cdot \frac{6 \cdot 5 \cdot 4}{3 \cdot 2 \cdot 1} \qquad = 5$$

$$C_4 = \frac{1}{4+1} \binom{8}{4} = \frac{1}{5} \cdot \frac{8 \cdot 7 \cdot 6 \cdot 5}{4 \cdot 3 \cdot 2 \cdot 1} = 14$$

「好厲害……確實是 1、2、5、14！」
米爾迦聽到我的話，露出滿意的笑容。

解答 7-1

$$C_n = \frac{1}{n+1}\binom{2n}{n}$$

「那麼，這次換你了。」

7.5.2 面對生成函數

雖然米爾迦引導我說出想法，但她優雅的解答讓我震驚不已。我自己是用生成函數思考，但只導出繁雜的閉合式，感覺沒辦法繼續推導下去。我是不是挑戰了超過自己能力的問題呢？完成生成函數乘積的感動瞬間煙消雲散。

真不甘心。

米爾迦露出有點困擾的表情，催促：「沒關係，你就說看看嘛。列出遞迴關係式，然後呢？」

我說出自己嘗試生成函數的解法，作出生成函數乘積、「形式漂亮的乘積和」，硬是利用二次方程式得到生成函數的閉合式。前往生成函數的國度，但卻回不來數列的國度。

真的非常不甘心。

「吶，是什麼樣的式子？」米爾迦問道。

我沒有說話。

「嗯？是什麼式子？」她探頭看著我的臉。

我受不了她的視線，在筆記本上寫出式子。

$$C(x) = \frac{1 \pm \sqrt{1-4x}}{2x}$$

「嗯哼，感覺有兩個困難點：± 的部分和 $\sqrt{1-4x}$ 的部分。」

「我自己也知道會卡在這裡。」

米爾迦不理會我煩躁的語氣，淡然地繼續說下去。

「先從 ± 的部分來討論吧。」

米爾迦看了一下數學式後閉上眼睛，將頭略為朝上，然後右手食指向上指，轉圈畫零、畫零、畫無限符號，接著睜開眼睛。

「試著回歸定義吧。生成函數 $C(x)$ 是這樣嘛。」

$$C(x) = C_0 + C_1 x + C_2 x^2 + \cdots + C_n x^n + \cdots$$

「換句話說，$x=0$ 時，含有 x 的項會全部消失，變成 $C(0)=0$。然後，再回到你找到的閉合式吧。」

$$C(x) = \frac{1 \pm \sqrt{1-4x}}{2x}$$

「閉合式的 $C(0)$ 會如何呢？」

「不行，0 變成除數，$C(0)$ 會無限大。」我答道。我冷靜了許多，對米爾迦生氣又能怎麼樣？鬧脾氣也無濟於事吧。

「不，不對哦。」米爾迦緩緩地搖頭，「其中一個是無限大，但另一個是不定數。假設 $C(x)$ 的 ± 中正的為 $C_+(x)$、負的為 $C_-(x)$ ——

$$C_+(x) = \frac{1 + \sqrt{1-4x}}{2x}$$

$$C_-(x) = \frac{1 - \sqrt{1-4x}}{2x}$$

——為了不讓除數為零，想辦法消去分母吧。」

$$2x \cdot C_+(x) = 1 + \sqrt{1 - 4x}$$
$$2x \cdot C_-(x) = 1 - \sqrt{1 - 4x}$$

「$x=0$ 時，左邊都會是 0，而式子 $1 + \sqrt{1-4x}$ 會是 2；式子 $1 - \sqrt{1-4x}$ 會是 0。所以，這是怎麼回事呢？」

「至少 $C_+(x)$ 是不適合的……」

「這大概需要更深入學習生成函數，才有辦法清楚說明，但至少沒有必要繼續深究 $C_+(x)$，只需要將注意集中在 $C_-(x)$ 來推導式子。你覺得……下一個目標是什麼？」

「怎麼處理 $\sqrt{1-4x}$ 吧。」我說道。

米爾迦對重新振作起來的我露出笑容。

生成函數 $C(x)$ 的閉合式

$$C(x) = \frac{1 - \sqrt{1 - 4x}}{2x}$$

7.5.3　圍巾

此時，我注意到蒂蒂站在圖書室的門口，她正盯著坐在一起的米爾迦和我看，雙手拿了個小紙袋放在身體前方。她是從什麼時候開始站在那邊的呢？

我輕輕向蒂蒂舉起手，她跟平常的樣子不同，只是慢慢地走了過來，一點都不慌張，臉上還露出認真的神情。

「……學長，昨天真是謝謝你。」

蒂蒂以平靜的語氣說道，微微低頭行禮後將紙袋交給我。

紙袋裡面放著折好的圍巾。

「嗯，不客氣。沒有感冒吧？」

「嗯，沒有。因為學長借給我圍巾，之後又一起喝了熱飲。」

蒂蒂說完將視線轉向米爾迦，我也跟著看過去。米爾迦手中拿著的自動鉛筆停了下來，她倏地抬起頭來，瞧了紙袋一眼後看著蒂蒂，兩位女孩沉默地對望。

沒有任何人說話。

經過四秒。

蒂蒂「呼」地吐了一口氣後，重新面對我。

「今天就先告辭了，之後請再教我數學哦。」蒂蒂低頭行完禮，便走出圖書室，在門口處又回過頭再次行禮。

米爾迦重新面對紙張，開始書寫算式。

「想到什麼了嗎？」我問道。當然，我是在問 $\sqrt{1-4x}$ 的事情。

米爾迦沒有抬頭，她邊寫著式子邊說道：

「信。」

「唉？」

「……裡頭有信。」米爾迦沒有停下手邊的計算。

我看了看紙袋，伸手進去找，在圍巾下似乎有什麼東西，拿出來後發現是張典雅的米白色卡片。為什麼米爾迦會注意到卡片呢？蒂蒂在卡片上寫著簡短的訊息。

> 謝謝你溫暖的圍巾。　蒂蒂
> 　　　　P.S.要再約我去「BEANS」哦！

7.5.4 最後的關卡

我們回到問題上。

生成函數 $C(x)$ 的閉合式如下：

生成函數 $C(x)$ 的閉合式

$$C(x) = \frac{1 - \sqrt{1-4x}}{2x}$$

下一個問題是，該怎麼處理 $\sqrt{1-4x}$。

「找不到下一步該怎麼做了，米爾迦。得到 $C(x)$ 的閉合式後⋯⋯前面求費氏數列一般項時是怎麼做的？」

「使用 $C(x)$ 的閉合式找出 x^n 的係數，簡單來說就是展開成冪級數。」米爾迦說道。

「$\sqrt{1-4x}$ 還真麻煩啊。究竟要怎麼處理 $\sqrt{1-4x}$ 才好？」我嘀咕。

「只能展開成冪級數吧。比如，假設係數的數列為 $\langle K_n \rangle$，能夠像這樣展開。」米爾迦邊說邊寫出式子。

$$\sqrt{1-4x} = K_0 + K_1 x + K_2 x^2 + \cdots + K_n x^n + \cdots$$
$$= \sum_{k=0}^{\infty} K_k x^k$$

「然後，生成函數 $C(x)$ 是

$$C(x) = \frac{1 - \sqrt{1-4x}}{2x}$$

所以，消去分母，

$$2x \cdot C(x) = 1 - \sqrt{1 - 4x}$$

代入 $C(x) = \sum_{k=0}^{\infty} C_k x^k$ 與 $\sqrt{1 - 4x} = \sum_{k=0}^{\infty} K_k x^k$，可寫成

$$2x \sum_{k=0}^{\infty} C_k x^k = 1 - \sum_{k=0}^{\infty} K_k x^k$$

將 $2x$ 移至左式中，右式提出 $k=0$ 的項，

$$\sum_{k=0}^{\infty} 2C_k x^{k+1} = 1 - K_0 - \sum_{k=1}^{\infty} K_k x^k$$

將左邊調整成從 $k=1$ 開始，

$$\sum_{k=1}^{\infty} 2C_{k-1} x^k = 1 - K_0 - \sum_{k=1}^{\infty} K_k x^k$$

將 $\sum$ 集中到左邊，

$$\sum_{k=1}^{\infty} 2C_{k-1} x^k + \sum_{k=1}^{\infty} K_k x^k = 1 - K_0$$

整理無窮級數 $\sum$，為了改變相加順序必須清楚敘述條件，但現在只是要尋找式子，就直接繼續往下做。

$$\sum_{k=1}^{\infty} (2C_{k-1} + K_k) x^k = 1 - K_0$$

上式是關於 x 的恆等式，比較兩邊的係數可得 K_n 與 C_n 的關係式。

$$0 = 1 - K_0 \qquad\qquad \text{比較 } x^0 \text{的係數}$$

$$2C_0 + K_1 = 0 \qquad\qquad \text{比較 } x^1 \text{的係數}$$

$$2C_1 + K_2 = 0 \qquad\qquad \text{比較 } x^2 \text{的係數}$$

$$\vdots$$

$$2C_n + K_{n+1} = 0 \qquad\qquad \text{比較 } x^{n+1} \text{的係數}$$

$$\vdots$$

整理後可得到下式：

$$\begin{cases} K_0 & = & 1 \\[2mm] C_n & = & -\dfrac{K_{n+1}}{2} \qquad (n \geqq 0) \end{cases}$$

換句話說，求出 K_n 會自動得到 C_n。最後的關卡是 $\sqrt{1-4x}$ 的展開。

7.5.5 攻陷

米爾迦等不及似地說道：

「那麼，就來攻陷最後的關卡吧。現在，假設 $K(x) = \sqrt{1-4x}$，然後目標是求出

$$K(x) = \sum_{k=0}^{\infty} K_k x^k$$

時的 $\langle K_0, K_1, \cdots, K_n, \cdots \rangle$。該從哪裡開始攻陷好呢？」

「從最容易理解的地方開始吧。」我說道。

「嗯哼。那麼，你知道 K_0 該怎麼處理嗎？」

「代入 $x=0$。」我馬上回答：「這樣一來，$\sum_{k=0}^{\infty} K_x x^k$ 除了

常數項以外都會消掉，也就是

$$K(0) = K_0$$

會變成這樣。」

「沒錯。然後呢？」米爾迦問道。

「妳是問 x 該怎麼處理嗎？」我反問。

「不是。我是要你趕快用函數解析的基本技術。」米爾迦焦急地說道。

「基本技術？」

「**微分**啊。$K(x)$ 對 x 微分後，就能夠錯移數列，使常數項變為 K_1。

$$K(x) = K_0 + K_1 x^1 + K_2 x^2 + K_3 x^3 + \quad \cdots \quad + K_n x^n + \cdots$$
$$K'(x) = 1K_1 + 2K_2 x^1 + 3K_3 x^2 + \cdots + nK_n x^{n-1} + \cdots$$

所以，

$$K'(0) = 1K_1$$

知道為什麼要特地寫出 1 嗎？因為微分是將指數移到係數，這是為了掌握這個規律。到這裡就輕鬆了，再進一步微分 $K''(x)$，

$$K''(x) = 2 \cdot 1K_2 + 3 \cdot 2K_3 x^1 \cdots + n \cdot (n-1) K_n x^{n-2} + \cdots$$

所以，$x = 0$ 時，如下所示：

$$K''(0) = 2 \cdot 1K_2$$

接下來，不斷反覆微分，假設 $K(x)$ 微分 n 次的函數為

$K^{(n)}(x)$，則

$$K^{(n)}(x) = n(n-1)(n-2)\cdots 2 \cdot 1 K_n$$
$$+ (n+1)n(n-1)(n-2)\cdots \text{這樣寫感覺非常麻煩}$$

因為太長了，使用遞降階乘來改寫吧。

$$K^{(n)}(x) = n^{\underline{n}} K_n$$
$$+ (n+1)^{\underline{n}} K_{n+1} x^1$$
$$+ \cdots$$
$$+ (n+k)^{\underline{n}} K_{n+k} x^k$$
$$+ \cdots$$

所以，$x=0$ 時，如下所示：

$$K^{(n)}(0) = n^{\underline{n}} K_n$$

換句話說，可用 $K^{(n)}(0)$ 來表達 K_n。簡單來說，就是進行泰勒展開：

$$K_n = \frac{K^{(n)}(0)}{n^{\underline{n}}}$$

到這裡告一個段落。」

米爾迦喘了一口氣。

「嗯——不過，到這裡就無法繼續下去了，已經沒路了。」我說道。

「為什麼這麼說呢？現在已經用冪級數表達了 $K(x)$，接下來要試著表達成普通函數的形式。」

「能夠做到嗎？」

「使用函數解析的基本技術——還是微分哦。」

米爾迦說完後對我眨了眨眼。這或許是我第一次看見她開玩笑吧。

「回想 $K(x)$ 的定義……

$$K(x) = \sqrt{1 - 4x}$$

……由於平方根是 $\frac{1}{2}$ 次方，所以

$$K(x) = (1 - 4x)^{\frac{1}{2}}$$

一邊注意出現的規律，一邊反覆微分。

$$K(x) = (1 - 4x)^{\frac{1}{2}}$$
$$K'(x) = -2 \cdot (1 - 4x)^{-\frac{1}{2}}$$
$$K''(x) = -2 \cdot 2 \cdot (1 - 4x)^{-\frac{3}{2}}$$
$$K'''(x) = -2 \cdot 4 \cdot 3 \cdot (1 - 4x)^{-\frac{5}{2}}$$
$$K''''(x) = -2 \cdot 6 \cdot 5 \cdot 4 \cdot (1 - 4x)^{-\frac{7}{2}}$$
$$\vdots$$
$$K^{(n)}(x) = -2 \cdot (2n-2)^{\underline{n-1}} \cdot (1 - 4x)^{-\frac{2n-1}{2}}$$
$$K^{(n+1)}(x) = -2 \cdot (2n)^{\underline{n}} \cdot (1 - 4x)^{-\frac{2n+1}{2}}$$

代入 $x = 0$ 後，最後的式子會是

$$K^{(n+1)}(0) = -2 \cdot (2n)^{\underline{n}}$$

再將剛才以冪級數求得的式子，就是你說無法繼續下去的式子拿出來，討論 $n+1$ 的情況。

$$K_{n+1} = \frac{K^{(n+1)}(0)}{(n+1)^{\underline{n+1}}}$$

由這兩個式子，可得下式：

$$K_{n+1} = \frac{-2 \cdot (2n)^{\underline{n}}}{(n+1)^{\underline{n+1}}}$$

這樣就能得到 K_{n+1}，完全不會沒有路哦。你還記得 K_n 和 C_n 的關係嗎？

$$C_n = -\frac{K_{n+1}}{2}$$

剩下就是用手計算了。

$$C_n = -\frac{K_{n+1}}{2}$$
$$= \frac{(2n)^{\underline{n}}}{(n+1)^{\underline{n+1}}}$$

分母能夠變形為 $(n+1)^{\underline{n+1}} = (n+1) \cdot n \cdot (n-1) \cdots 1 = (n+1) \cdot n^{\underline{n}}$。

$$= \frac{(2n)^{\underline{n}}}{(n+1) \cdot n^{\underline{n}}}$$
$$= \frac{1}{n+1} \cdot \frac{(2n)^{\underline{n}}}{(n)^{\underline{n}}}$$
$$= \frac{1}{n+1} \cdot \binom{2n}{n}$$

因此，可得到 C_n：

$$C_n = \frac{1}{n+1}\binom{2n}{n}$$

好，這樣就告一個段落了。完成相同的式子，從生成函數的國度，回到數列的國度了。」

米爾迦就在那裡，微笑著說道：

「歡迎回來。」

7.5.6　半徑為零的圓

「我回來了……應該要說謝謝才對。」我說道。

「相當有趣哦，真是趟快樂的旅行。」她直直地豎起食指。

我看著米爾迦，她這個人真是……雖然有點笨拙卻很善良，個性外冷內熱。我果然對米爾迦——

米爾迦微微瞇起眼睛，站起身子。

「為了紀念，跳隻舞吧。」

我也站了起來。

（怎麼一回事？）

米爾迦倏地向我伸出左手，而我伸出的右手，如小鳥般輕輕停在米爾迦純白的指尖上。

（好溫暖）

我們牽著手移動到書架前的空間。
米爾迦在我的周圍緩緩繞著圈走著。
一步。
再一步。
偶爾混雜輕快的步伐。
米爾迦如跳舞般走著。
放學後的圖書室除了我們沒有其他人。
只聽得見她輕微的腳步聲。
「米爾迦總是跟我保持相同的距離，就像是在圓周上呢。這是單位圓嗎？」

我到底在說什麼啊。

米爾迦「嗯哼」一聲停下腳步，「那也得是兩人的手臂長度加起來為 1 才行。」說完便閉上眼睛。

此時，我忽然想起來。

　　……就算沒有辦法在她的「鄰近距離」裡，至少
希望能夠待在她的「鄰近間隔」……

我曾經這麼想過。

米爾迦張開眼。

「即使半徑是零——」米爾迦邊說邊用驚人的力量將我拉近。

「即使半徑是零——還要分開嗎？」

米爾迦如此說著，順勢將臉逐漸靠近，直到兩人的眼鏡都快要接觸到的距離。

我什麼話也說不出來。

米爾迦也沒有再說什麼。

即使半徑是零，圓仍舊是圓，只是變成一點的圓。

然後，我……

我們……

就這樣默默地、

緩緩地將臉靠近——

「現在是放學時間。」

瑞谷老師的聲音響起。

我們的距離從零一口氣增加。

增加到兩人手臂長度的和。

No.

Date　　・　・　・

「我」的筆記本

　　米爾迦和我導出的一般項數列 $\langle C_n \rangle = \langle 1,\ 1,\ 2,\ 5,\ 14,\ \cdots \rangle$，稱為**卡塔蘭數**（Catalan number）；而我想出來的「形式漂亮的乘積和」，稱為**卷積**（Convolution）或者摺積。

　　對應數列與生成函數後，就能對應「卷積數列的數列」與「乘上原生成函數得到的函數」。換句話說，數列 $\langle a_n \rangle$ 與 $\langle b_n \rangle$ 的卷積表示為 $\langle a_n \rangle * \langle b_n \rangle$ 後，可如下對應：

$$\textbf{數列} \quad \leftrightarrow \quad \textbf{生成函數}$$

$$\langle a_n \rangle = \langle a_0, a_1, \ldots, a_n, \ldots \rangle \quad \leftrightarrow \quad a(x) = \sum_{k=0}^{\infty} a_k x^k$$

$$\langle b_n \rangle = \langle b_0, b_1, \ldots, b_n, \ldots \rangle \quad \leftrightarrow \quad b(x) = \sum_{k=0}^{\infty} b_k x^k$$

$$\langle a_n \rangle * \langle b_n \rangle = \left\langle \sum_{k=0}^{n} a_k b_{n-k} \right\rangle \quad \leftrightarrow \quad a(x) \cdot b(x) = \sum_{n=0}^{\infty} \left(\sum_{k=0}^{n} a_k b_{n-k} \right) x^n$$

　　晚上，我在房間裡興奮思考的就是這個對應。「數列國度」的「卷積」會是「生成函數國度」的「乘積」。

　　多麼完美的對應啊。

第 8 章

調和數

巴哈認為各聲部間宛若一群好友在對話。

當三個聲部裡其中一個突然沉默，

在輪到自己再度說話之前，

將傾聽其他人的話語。

——福克爾（Johann Forkel）《巴哈小傳》（角倉一朗譯）

8.1 尋寶

8.1.1 蒂蒂

「學長——」

放學後，我站在校門口，蒂蒂跑了過來。

「原來你在這裡啊，我去圖書室沒看到你，還在想說怎麼回事……如果學長正要回去，可以一起……哎？這個是？」

她盯著我交給她的卡片。

（我的卡片）

$$H_\infty = \sum_{k=1}^{\infty} \frac{1}{k}$$

蒂蒂是比小我一屆的高一學妹，總是像小狗一樣跑在我的身邊，偶爾會在圖書室一起用功。她很愛說話，雖然有些不夠穩重，但偶爾會露出令人吃驚的認真神情。一頭短髮配上大大的眼睛，我覺得相當可愛。

「這是……什麼？」蒂蒂抬起頭。

「嗯，研究課題。要從這個式子出發，尋找『有趣的東西』。」

「？」她一臉不明白的表情。

「這個式子好比藏著寶物的森林，測試妳能不能發掘寶物。這張卡片是從村木老師那裡拿來的。」

「發掘寶物是……」蒂蒂再次看著我的卡片。

「嗯，從這張卡片出發，自己作出問題，然後再解開問題。」

「喔……學長已經從這個數學式發掘出寶物了嗎？」

「不，還沒有。不過，從這張卡片可以馬上知道一件事：這個式子是 H_∞ 的定義式，右邊的 $\sum_{k=1}^{\infty} \frac{1}{k}$ 是——」

「啊！啊——啊——！」

蒂蒂突然大叫，嚇了我一跳。她紅著臉用兩手摀住嘴巴。

「……對、對不起。學長，請你先不要透露。我也能夠來發掘『寶物』嗎？」

「什麼意思？」

「我也能夠思考這個研究課題嗎？我以前都沒有試過，所以想要試試看。我想要努力發掘『寶物』。」

蒂蒂邊說邊做出拿著鏟子挖洞的樣子。

「當然可以。若發現什麼有趣的東西，就寫個報告交給村木老師吧。」

「哎？不用做到這種程度吧。」

蒂蒂連忙搖頭。她還是一樣有朝氣。

「那麼，這張卡片先給你，明天再到圖書室討論，妳就先想想看。」

「好的！我會加油的！」

蒂蒂的圓滾大眼閃閃發光，雙手緊緊握拳。

「學長……學長對我──」

蒂蒂注視著我的背後，講到一半就停下來，小聲地「哎呀」一聲。

我回過頭看到米爾迦站在那裡。

8.1.2 米爾迦

「久等了。」米爾迦對我微笑。

我在校門前被兩位女孩夾在中間。

米爾迦是跟我同班的高二生，是留著長髮、戴著眼鏡的美麗女孩，非常擅長數學。雖然她會擅自在我的筆記本書寫東西，當下就教起數學來，完全不顧對方方不方便……

蒂蒂突然慌張起來：「學長是在等人啊……我、我好像打擾了。那個……我先告辭了。」她低了一下頭，退後半步。

「嗯哼……」

米爾迦慢慢看向蒂蒂，再看向我，又看向蒂蒂，然後瞇起眼睛微笑，語氣溫柔地說：

「沒關係哦，蒂蒂。我是一個人回去。」

米爾迦伸出右手輕輕拍了拍蒂蒂的頭，從我和蒂蒂中間走過去。

蒂蒂被拍頭後微微縮著脖子，眨了眨她大大的眼睛，目光追隨著米爾迦瀟灑的背影。

走遠的米爾迦沒有回頭，舉起了右手揮了揮，宛若在對目送她離去的蒂蒂打招呼。不久，她就消失在了轉角處。

在這一連串動作中，我只能強忍著不發出聲音。米爾迦走過時踩了我的腳尖。

而且非常用力。

……好痛。

8.2 對話存在於所有圖書室

隔天，放學後的圖書室人不多。

「如何？」我問道。

蒂蒂一臉快要哭出來的樣子攤開筆記本，上面只寫著一行數學式。

$$\sum_{k=1}^{\infty} \frac{1}{k} = \frac{1}{1} + \frac{1}{2} + \frac{1}{3} + \cdots$$

「學長……我的數學果然很糟糕。」

「不，妳掌握了原本式子的意思。這個式子沒錯喔。」

「可是學長，我想要找到有趣的東西，卻完全不知道後面該怎麼做……」

「雖然無窮延續的東西好像能夠掌握到什麼，但實際處理起來卻非常困難。蒂蒂的挑戰精神很值得讚賞喔，我們一起做後面的部分吧。」

「哎？啊，對不起。浪費了寶貴的時間……」

「不，沒有浪費。我們一步步前進吧。」

8.2.1　部分和與無窮級數

「先來看問題的式子 $\sum_{k=1}^{\infty} \frac{1}{k}$。這個式子難懂的部分是 ∞（無限大）的地方吧。」

「那個，無限大的數是……」

「∞（無限大）不是『數』，至少不會當作數來處理。比如，實數不包含 ∞。」

「啊，是這樣嗎？」

「是的。看到 $\sum_{k=1}^{n} \frac{1}{k}$ 會想要讀成『累加 k 從 1 變化到 ∞ 的 $\frac{1}{k}$』，但若認為 ∞ 是存在於某處的數，讓 k 變化到該處是錯誤的理解方式。無窮級數 $\displaystyle\sum_{k=1}^{\infty} \frac{1}{k}$ 如下被定義為部分和 $\sum_{k=1}^{n} \frac{1}{k}$ 的極限。」

$$\sum_{k=1}^{\infty} \frac{1}{k} = \lim_{n \to \infty} \sum_{k=1}^{n} \frac{1}{k}$$

「那個，lim 是……」

「limit 是**極限**的意思，數學上嚴謹的定義很長，這邊只簡單說明吧。假設有數列 $a_0, a_1, a_2, \cdots$，則式子 $\lim_{n \to \infty} a_n$ 表達 n 非常大時『a_n 的值會變得如何』。當 n 非常大，a_n 可能是『無止境變大』『有時變大有時變小』或者『趨近固定的值』，而式子 $\lim_{n \to \infty} a_n$ 定義為表達 a_n 趨近的固定值。簡單來說，式子 $\lim_{n \to \infty} a_n$ 代表 a_n 的『到達的目標地點』。目標地點固定的情況，稱為**收斂**。」

「嗯……好難。不過，我有聽懂 n 非常大時 a_n 會變得如何……」

「呃，很難了啊──因為不好用文字描述，所以才寫成數學式。首先，對『到達的目標地點是被定義出來的』這件事情有個印象就好。被定義出來的概念，未必能夠直觀地理解。正確做法不是立刻求無窮級數的值，而是從部分和來討論 $n \to \infty$ 的極限。」

「對、對不起。我不太清楚無窮級數和部分和的差別……」

「這個是無窮級數，也可以單純說成級數。」

$$\sum_{k=1}^{\infty} \text{（使用 } k \text{ 的式子）}$$

「這是部分和。」

$$\sum_{k=1}^{n} \text{（使用 } n \text{ 的式子）}$$

「如何？瞭解差別了嗎？」

「嗯，差在 ∞ 和 n。但 n 是變數，代入 ∞ 不就一樣了嗎？」

「不對，完全不一樣。n 的確是變數，但是表示有限的數；而 ∞ 不是數，沒有辦法代入 n。給予 n 有限的數時，代表 $\sum$ 是有限多個項的相加，一定能夠得到計算結果。然而，如 $\sum^{\infty}$ 無限多個項的相加，未必能夠得到計算結果。雖然剛才曾稍微提到，但若是『無止境地變大』『有時變大有時變小』的狀況，到達的目標地點不固定，不固定的值不能當作數來處理。到達目標地點不固定的情況，稱為**發散**。在討論無限多個項時，需要小心注意這個地方。」

「好的……我明白必須注意無限了。牽扯到無限的發散時，即便寫出數學式，也不一定是固定的值嘛……」

「再來是表記時需要注意的地方。下面兩個式子都有出現刪節號，表示無限的刪節號是（1）還是（2）呢？」

$$\frac{1}{1} + \frac{1}{2} + \frac{1}{3} + \cdots + \frac{1}{n} \tag{1}$$

$$\frac{1}{1} + \frac{1}{2} + \frac{1}{3} + \cdots \tag{2}$$

「表示無限的……應該是 (2) 吧？」

「沒錯。(1) $\frac{1}{1} + \frac{1}{2} + \frac{1}{3} + \cdots + \frac{1}{n}$ 出現的刪節號並不是表示無限，只是因為位置不夠而省略，但項數是有限的且總數值固定，一點都不恐怖。然而，(2) $\frac{1}{1} + \frac{1}{2} + \frac{1}{3} + \cdots$ 出現的刪節號表示無限，潛藏的 lim 低語著『總數值或許不固定』。有限的刪節號和無限的刪節號意思完全不一樣，需要小心注意。」

「看起來一樣的刪節號，卻有著不同的意思呢。」

8.2.2　從理所當然的地方開始

「呃，又深入談了無限的話題。在開始計算無窮級數之前，得先習慣無限多項的和才行。為了熟習 $\sum$，試著具體列出 n 為 1、2、3、4、5 時的式子吧。」

$$\sum_{k=1}^{1} \frac{1}{k} = \frac{1}{1}$$

$$\sum_{k=1}^{2} \frac{1}{k} = \frac{1}{1} + \frac{1}{2}$$

$$\sum_{k=1}^{3} \frac{1}{k} = \frac{1}{1} + \frac{1}{2} + \frac{1}{3}$$

$$\sum_{k=1}^{4} \frac{1}{k} = \frac{1}{1} + \frac{1}{2} + \frac{1}{3} + \frac{1}{4}$$

$$\sum_{k=1}^{5} \frac{1}{k} = \frac{1}{1} + \frac{1}{2} + \frac{1}{3} + \frac{1}{4} + \frac{1}{5}$$

「那麼，我們開始計算部分和吧。首先，需要注意 $\sum_{k=1}^{n} \frac{1}{k}$ 的值是『由 n 決定』，所以也可記為 H_n。這是 H_n 的定義式。」

$$H_n = \sum_{k=1}^{n} \frac{1}{k} \qquad （H_n \text{的定義式}）$$

「對、對不起，稍等一下。『由 n 決定』這邊我不太懂。」

「嗯，像這樣提出自己不懂的地方，是蒂蒂的優點。不管是 5 還是 1000，只要能夠具體決定 n 的值，就能決定式子 $\sum_{k=1}^{n} \frac{1}{k}$ 的值，這就是『由 n 決定』的意思，所以可用下標 n 寫成 H_n。如此一來，就能如 H_5、H_{1000} 來標示名稱。」

「為什麼是取 H 這個名字呢？」

「因為卡片上是寫 H_∞，所以部分和才記為 H_n。」

「啊，原來如此。話說回來……寫成 H_n 後留下了 n，但為什麼 k 消失了？」

「因為 $\sum_{k=1}^{n} \frac{1}{k}$ 的 k 只是在 $\sum$ 中使用的操作變數，無法從外部看見。這類如 k 的變數稱為**約束變數**（bound variable），意為被約束於 Σ 中的變數。文字未必非使用 k 不可，使用喜歡的文字就行了，i、j、k、l、m、n 等都是常用的文字。啊，不過，i 也用來表示虛數單位 $\sqrt{-1}$，若會造成混亂就不要使用。然後平常會用 n 當作約束變數，但這裡不行，因為 n 已經有其他意義了，將 $\sum_{k=1}^{n} \frac{1}{k}$ 寫成 $\sum_{n=1}^{n} \frac{1}{n}$ 會變得意義不明。」

「好的，我明白了。對不起，打斷學長的說明。」

「不，沒關係。聽不懂的地方要提出來，講解比較容易繼續下去。」

我們彼此交換了一個笑容。

8.2.3　命題

「那麼，來列舉有關 $H_n = \sum_{k=1}^{n} \frac{1}{k}$ 的部分，『舉例為理解的試金石』嘛。下面的敘述正確嗎？」

若 $n=1$，則 $H_n = 1$。

「嗯，正確，因為 $H_1 = 1$。這是理所當然的……啊，對哦，『從理所當然的地方開始是好事』嘛！」

「沒錯，你記得真清楚。那麼，下面的敘述成立嗎？」

對所有的正整數 n，$H_n > 0$ 成立。

「嗯，成立。」

「像這樣能夠判斷是否成立的數學主張，稱為**命題**。命題可用中文或者英文，甚至是數學式來寫……那麼，下面的命題成立嗎？」

對所有的正整數 n，n 變大時，H_n 也會跟著變大。

「嗯……是的，成立。n 變大表示會相加的數也變多。」

「沒錯，相加正數會變大。『n 變大時，H_n 也會跟著變大』這個命題，也可以用數學式改寫成如下，這樣敘述會比較嚴謹。」

對所有的正整數 n，$H_n < H_{n+1}$ 成立。

「確實，這個命題會成立。不過，比起『n 變大時，H_n 也跟著變大』，『$H_n < H_{n+1}$ 成立』相對而言會比較嚴謹……嗯。」

我靜靜地等待蒂蒂思考。

「啊，我明白了。『變大』的動作性表達，與使用不等號

『大於』的敘述性表達的差別，就像英文的一般動詞和 be 動詞一樣。」

「咦……？」

蒂蒂的話讓我有點驚訝。「變大」和「大於」的差別？一般動詞和 be 動詞？原來如此，或許是這樣沒錯。以前，村木老師好像說過類似的事情，尋求數列變化情況的觀點與捕捉數列各項關係式的觀點是「步驟性定義與宣言性定義」……

「學長……怎麼了嗎？」

「不，聽妳這麼一說，我才想到也有這種看法。不過，我只是想說：『比起文字敘述，使用數學式表達會更為嚴謹。』話說回來，蒂蒂妳究竟是什麼人？」

「什麼？」蒂蒂骨碌碌的雙眼圓睜，歪了歪頭。

「不……繼續討論吧。下面的命題成立嗎？」

對所有的正整數 n，成立 $H_{n+1} - H_n = \dfrac{1}{n}$ （?）

「嗯，成立。因為 H_n 被定義為分數的和，相減後當然會出現分數。」

「可惜，答錯了。$H_{n+1} - H_n = \frac{1}{n}$ 不成立，右式的分母錯了。如下所示，分母不是 n 而是 $n+1$ 才會成立。」

對所有的正整數 n，$H_{n+1} - H_n = \dfrac{1}{n+1}$ 成立。

「哎——奇、奇怪了。啊！原來如此，學長出陷阱題，好過分喔。」蒂蒂做出輕捶的動作。

「抱歉、抱歉。不過，要確認清楚才行喔。」

「是這麼說沒錯啦……」她不滿地嘟起嘴。

「那麼，$H_{n+1} - H_n$ 會變成怎麼樣呢？能夠使用 H_n 的定義式計算嗎？試著算算看。」

「好的。嗯……」

$$H_{n+1} - H_n = \sum_{k=1}^{n+1} \frac{1}{k} - \sum_{k=1}^{n} \frac{1}{k}$$

這是直接套用 H_n 的定義式,接著具體寫出 Σ:

$$= \left(\frac{1}{1} + \frac{1}{2} + \cdots + \frac{1}{n} + \frac{1}{n+1}\right) - \left(\frac{1}{1} + \frac{1}{2} + \cdots + \frac{1}{n}\right)$$

嗯,完成了。然後,嗯……改變項的順序:

$$= \left(\frac{1}{1} - \frac{1}{1}\right) + \left(\frac{1}{2} - \frac{1}{2}\right) + \cdots + \left(\frac{1}{n} - \frac{1}{n}\right) + \frac{1}{n+1}$$

這樣就可以了吧,學長。

$$= \frac{1}{n+1}$$

「是的,做得很棒。這次換蒂蒂來出個題目看看。」

「嗯……那麼,因為出現了 $H_{n+1} - H_n$ ──這個命題怎麼樣?」

對所有的正整數 n,n **變大時,**$H_{n+1} - H_n$ **會變小。**

「不錯、不錯,很棒。寫成數學式怎麼樣?」

「這樣嗎?」

對所有的正整數 $H_{n+1} - H_n > H_{n+2} - H_{n+1}$ **成立。**

「沒錯!非常棒!」

「將相加的數 $\frac{1}{2}$、$\frac{1}{3}$、$\frac{1}{4}$、……『逐漸變小』,用『小於』的數學式來表達。」

8.2.4 全部

「蒂蒂，像這樣將任何敘述改用數學式來表達，是很重要的事情喔。即便是理所當然的事情也不可以試著寫成數學式。這可以當作是使用數學語言的練習。」

「好的。我記得學長曾說過：『就像捏黏土一樣探討數學式。』我捏、我捏……」蒂蒂邊說邊做出捏黏土的動作：「啊……不過，『對所有的正整數 n…』這個部分不是數學式。」

「是的。假設正整數的集合為 $\mathbb{N}$，則可表達為這樣的數學式。」

$$\forall n \in \mathbb{N} \quad H_{n+1} - H_n > H_{n+2} - H_{n+1}$$

「這個數學式要怎麼唸？」

「"$\forall n \in \mathbb{N}$……" 唸作 "For all n in $\mathbb{N}$……"，用說的就是『對所有正整數 n……』或者『對任意正整數 n……』吧。$\forall$ 是 All 的 A 倒過來寫。」

「$\mathbb{N}$ 和一般的 N 不一樣嗎？」

「是的。寫作 N 感覺像是一般的數，所以用 $\mathbb{N}$ 特別表示『這不是數，而是集合』。」

「$\in$ 是什麼？」

「以『**元素 $\in$ 集合**』的形式表示『該集合的元素』，符號寫成 $\forall n \in \mathbb{N}$ ……意為『從集合 $\mathbb{N}$ 中任意選出元素 n……』的意思。」

「意思是選擇哪個都可以嗎……學長，感覺數學像是在寫作文，但不是英文作文而是數學作文。」蒂蒂笑道。

「數學作文……確實，數學也有這樣的一面。數學式多是經過濃縮的簡潔句子，所以在解讀數學式所寫的內容時，建議

慢慢閱讀會比較好。」

「數學式就像濃縮果汁一樣？一口氣喝下去會有危險？」

「那麼，具體寫出數學式 H_n 吧。」我說道。

$$H_1 = \frac{1}{1}$$

$$H_2 = \frac{1}{1} + \frac{1}{2}$$

$$H_3 = \frac{1}{1} + \frac{1}{2} + \frac{1}{3}$$

$$H_4 = \frac{1}{1} + \frac{1}{2} + \frac{1}{3} + \frac{1}{4}$$

$$H_5 = \frac{1}{1} + \frac{1}{2} + \frac{1}{3} + \frac{1}{4} + \frac{1}{5}$$

「依序由上往下看，注意增加的量——即 $H_{n+1} - H_n$。」

$$H_2 - H_1 = \frac{1}{2}$$

$$H_3 - H_2 = \frac{1}{3}$$

$$H_4 - H_3 = \frac{1}{4}$$

$$H_5 - H_4 = \frac{1}{5}$$

$$H_6 - H_5 = \frac{1}{6}$$

「如同上述，$H_{n+1} - H_n$ 會逐漸變小，就跟蒂蒂剛才說的一樣。」

「是的。」

「$H_1, H_2, H_3, H_4, H_5, \ldots\ldots$ 本身會愈來愈大，但『變大的量』，也就是『增加的量』逐漸減少，最後變成只增加一點點，這樣一來——」

「啊，請等一下。那個，『增加的量逐漸減少』的部分，可以用剛剛寫的數學式表達嗎？嗯……像是這樣。」

對所有的正整數 n **，** $H_{n+1} - H_n > H_{n+2} - H_{n+1}$ **成立。**

「沒錯，就是這樣。增加的量逐漸減少的說法有點含糊，但像這樣寫成數學式後意思就很清楚，變得較容易理解。雖然也有人認為數學式繁雜不好理解，但很多時候不寫成數學式反而更加難懂。數學式是一種語言，若能夠善用，不但可幫助自己理解，還能正確傳達自己的想法。」

「好的，我看看。如果將現在的命題寫成數學式……這樣可以嗎？」

$$\forall n \in \mathbb{N} \quad H_{n+1} - H_n > H_{n+2} - H_{n+1}$$

「嗯，不錯，就是這樣。」我說道。

蒂蒂似乎很高興。

8.2.5 存在……

「那麼，差不多要發現最初的寶物囉。」

「哎？」

「如前所述定義 $H_n = \sum_{k=1}^{n} \frac{1}{k}$，$n$ 變大時，H_n 本身也會逐漸變大，但 H_n 增加的量逐漸減少。那麼，這是 n 變大時，H_n 無止境變大呢？還是不管 n 變得多大，H_n 也不會大於某個數呢？」我問道。

「意思是下面的式子是會無限上綱，還是會碰到天花板？」蒂蒂用手托住頭問道。

$$\frac{1}{1} + \frac{1}{2} + \frac{1}{3} + \frac{1}{4} + \frac{1}{5} + \cdots$$

「沒錯。這就是從那張卡片上衍生出來的問題，需要探討是發散還是收斂。我們試著寫成數學式吧。」

問題 8-1

假設實數集合為 $\mathbb{R}$、正整數集合為 $\mathbb{N}$，則下式是否成立？

$$\forall M \in \mathbb{R} \quad \exists n \in \mathbb{N} \quad M < \sum_{k=1}^{n} \frac{1}{k}$$

「∃？」

「∃ 不是日文片假名的ヨ，而是 Exists 的 E 左右顛倒的符號。」

「『存在』的意思嗎？也就是 "For all M in $\mathbb{R}$, n exists in $\mathbb{N}$ ……"。」

「蒂蒂的發音真清楚，$\exists n$ 可唸成 "n exists" 也可唸作 "there exists n"，加上 such that 就更清楚了。」

For all M in $\mathbb{R}$, there exists n in $\mathbb{N}$ such that $\quad M < \sum_{k=1}^{n} \frac{1}{k}$

「學長，用文字敘述要怎麼說呢？」

「硬要說的話，會像這樣吧。」

對任意實數 M，存在正整數 n 滿足 $M < \sum_{k=1}^{n} \frac{1}{k}$。

「雖然很繁雜……但勉強能夠理解。」蒂蒂說道。

「妳知道下式 (a) 和 (b) 的意義完全不同嗎？」我在筆記本中寫下兩個數學式。

$$\forall M \in \mathbb{R} \quad \exists n \in \mathbb{N} \quad M < \sum_{k=1}^{n} \frac{1}{k} \qquad \text{(a)}$$

$$\exists n \in \mathbb{N} \quad \forall M \in \mathbb{R} \quad M < \sum_{k=1}^{n} \frac{1}{k} \qquad \text{(b)}$$

「因為稍微有點長，為了方便理解，再加上括號統整意義吧。」我加上括號與文字敘述。

$$\forall M \in \mathbb{R} \underbrace{\left[\exists n \in \mathbb{N} \underbrace{\left[M < \sum_{k=1}^{n} \frac{1}{k} \right]}_{n \text{ 的約束範圍}} \right]}_{M \text{ 的約束範圍}} \qquad \text{(a)}$$

$$\exists n \in \mathbb{N} \underbrace{\left[\forall M \in \mathbb{R} \underbrace{\left[M < \sum_{k=1}^{n} \frac{1}{k} \right]}_{M \text{ 的約束範圍}} \right]}_{n \text{ 的約束範圍}} \qquad \text{(b)}$$

「若是寫成英文……」我繼續寫上英文。

For all M in $\mathbb{R}$, there exists n in $\mathbb{N}$ such that $\quad M < \sum_{k=1}^{n} \frac{1}{k}.$　(a)

There exists n in $\mathbb{N}$, such that for all M in $\mathbb{R}$ $\quad M < \sum_{k=1}^{n} \frac{1}{k}.$　(b)

蒂蒂在口中唸了幾次英文後陷入沉思。

「……感覺明白了，順序很重要。 (a) 是先決定 M 再來找 n，在找 n 的時候 M 不會改變。而 (b) 是先決定 n，再對 n 找所有 M……這樣嗎？」

「是的，意思沒錯。 (a) 是先選出 M 再找出對應的 n，主張可找出對應所有 M 的 n，根據選擇的 M 會有不同的 n。而 (b) 是

先找到非常厲害的 n，可使不等式對全部的實數 M 皆成立，(b) 在選擇 M 的時候 n 不會改變。問題 8-1 的主張是 (a)，沒問題吧？」

「……勉強沒有。」蒂蒂說道。

「想要用文字敘述表達 (a) 與 (b) 的差異，是非常困難的事情，但使用數學式來說明，就能夠清楚看出兩者的不同。」

「的確，想要用文字敘述分清楚很難。話說回來，不等式中出現的 M 是什麼啊？」

「妳覺得是什麼呢？」。

「嗯……很、很大的數？」

「唉，大概會這樣想吧。比起表達『無止境變大』，假設任意實數為 M，使用『大於 M』的表達會比較清楚。無論 M 取多大的值，只要存在如問題 8-1 對應 M 的 n，就可說 H_n 無止境變大。但是，若不存在對應某 M 的 n，就不可說 H_n 無止境變大。」

「原來如此……雖然文字敘述很複雜，但意義非常清楚……呼。」

「嗯？累了嗎？」

「不會，有一點點累而已。不過，多虧學長的說明，感覺學了很多『數學作文的詞彙』呢。」

「真是辛苦妳了，蒂蒂。今天就到這裡為止吧。差不多是管理員瑞谷老師出現的時間了，等明天放學後再打開這個寶箱吧。」

「好的！學長……我非常開心喔！」

「對吧，數學很有趣呀。使用數學式這個新語言，就能消除歧義讓思緒變得更清晰……」

「我是說，能和學長一起——嗯……好的。明天也要拜託學長了！」

8.3 無窮上升螺旋階梯的音樂教室

隔天，午休時間的音樂教室。

經過的學生們都被鋼琴聲吸引，停下腳步窺看教室內部。

兩位美少女正在平台鋼琴前聯手彈奏。

其中一位是才女米爾迦，另外一位是喜愛鍵盤樂器的少女英英，她是鋼琴愛好會「極強音」的社長，她也同樣是高二生，但跟米爾迦和我不同班。

米爾迦和英英彈著基調為上升音階的變奏曲，兩人默契十足，高速彈奏好幾次相似的旋律，每次反覆逐漸提升音階。咦？聽起來好像超出鋼琴的音域了——不，不可能的。回過神來，音階不知不覺中降了下來，是什麼時候降的呢？真是非常不可思議的感覺——就像是爬上無窮的階梯一樣。這種焦慮感宛若明明有著能夠一口氣衝上天際的巨大翅膀，卻必須一步步爬上螺旋階梯。無窮上升的無限音階、不斷持續變奏的音樂，鋼琴竟然能彈出這種曲子，著實令人驚豔。

從我的位置能夠看見米爾迦快速移動的細長手指（感覺非常溫暖的手指）。嗯，有看到手指回到左邊低音部的時間點，但我的耳朵還是只聽到音階持續上升的樂曲。

樂曲最後逐漸轉弱淡出，餘音甫一消失，大家便爆出喝采與掌聲。米爾迦與英英站起來行禮。

「有趣嗎？」米爾迦問我。

「很不可思議。明明是有限的琴鍵，音調卻好似無限。」我說道。

「感覺就像正的無限大發散，很有趣吧。明明有限卻又發散，很矛盾吧。」米爾迦露出惡作劇般的微笑。

「妳彈的是不一樣的八度音吧？」我說道。

「沒錯。不同音程的八度音直接平行提升，音調愈高音量愈小，在高音消失的同時鍵入音量小的低音，混合為中音域最大的音量。這樣就能瞞過人的耳朵，產生無限上升的感覺。一個人彈有極限，所以需要兩個人連彈。」

「不能把祕密說出來啊！」英英走了過來，「作曲是很困難的。單純的音階不有趣，利用快節奏讓聽眾聽不膩。話雖如此，曲調卻又要單純才會讓人覺得不可思議，真的不好彈。幸好米爾迦的手指很靈巧，幫了大忙。」

「嗯，希望下次是彈莫比烏斯環的協奏曲。」米爾迦微笑道。

「那是什麼曲子啊！……算了，下次再一起彈吧。」英英苦笑著朝自己的教室走去。

米爾迦則是舉著食指繞圈哼歌，和我一起走向教室。

看來她的心情非常好。

8.4　不愉快的 ζ

午休的後半段，米爾迦咬著代替午餐的奇巧巧克力，坐到我前面的座位。

「你看過村木老師的卡片了嗎？」她把卡片放在桌上。

（米爾迦的卡片）

$$\zeta(1)$$

（咦？跟我的不一樣。）

米爾迦不等我回應就自己講了起來。

「這應該是要我研究 $\zeta(1)$，但 $\zeta(1)$ 是正的無限大發散，相當有名，馬上可以完成證明。所以我才想說，老師應該是要我探討不同節奏的式子。首先——」

我呆然聽著米爾迦飛快的說明，心想：老師這次給我和她的是不同的卡片啊。我曾經聽過 ζ 函數，記得是跟最尖端的數學有關。原來如此，這是配合才女米爾迦實力的困難問題。

……話說回來，蒂蒂解開了昨天的問題嗎？總是慌慌張張的她究竟是什麼人呢？雖然感覺不太擅長數學，但她所說的動作性與敘述性卻又有著相當敏銳的洞察力。而她自己則似乎沒有意識到這一點。

起初我是以教導學妹的態度跟蒂蒂對話，但最近有些改變了，在討論的過程中，感覺自己的思緒也像是經過重新整理。我先說明再由蒂蒂消化吸收，這樣一來一往的累積，感覺就像是一階階爬樓梯。接著換蒂蒂說出她的想法，由我來接收理解。哈哈，就像是遞迴關係式，一點一點變化，一個一個進行確認……話說回來，被蒂蒂那雙大眼睛一直凝視著，總覺得——

「吶。」米爾迦說道。

面無表情的米爾迦盯著我。

糟了，我完全沒在聽她說話。這不太妙。

上課鈴聲響起。

米爾迦默默起身走回自己的座位，完全不看我這邊。

看來她的心情非常糟。

8.5 高估的無限大

今天是圖書室內部整理的日子，所以沒辦法使用圖書室。蒂蒂和我決定到別館的休憩空間「學倉」，找個角落的位置做計算。

「失禮了。」

蒂蒂行禮後坐到我旁邊，不久後就聞到了她平時的香味。另外，不曉得從哪邊傳來了練習長笛的二重奏。

我默默開始書寫數學式，公布昨天問題的解答。

問題 8-1

假設實數集合為 $\mathbb{R}$、正整數集合為 $\mathbb{N}$，則下式是否成立？

$$\forall M \in \mathbb{R} \quad \exists n \in \mathbb{N} \quad M < \sum_{k=1}^{n} \frac{1}{k}$$

蒂蒂在旁邊探頭看著。

$$
\begin{aligned}
H_8 &= \sum_{k=1}^{8} \frac{1}{k} \\
&= \frac{1}{1} + \frac{1}{2} + \frac{1}{3} + \frac{1}{4} + \frac{1}{5} + \frac{1}{6} + \frac{1}{7} + \frac{1}{8} \\
&= \frac{1}{1} + \underbrace{\left(\frac{1}{2}\right)}_{1\text{個}} + \underbrace{\left(\frac{1}{3} + \frac{1}{4}\right)}_{2\text{個}} + \underbrace{\left(\frac{1}{5} + \frac{1}{6} + \frac{1}{7} + \frac{1}{8}\right)}_{4\text{個}} \\
&\geq \frac{1}{1} + \left(\frac{1}{2}\right) + \left(\frac{1}{4} + \frac{1}{4}\right) + \left(\frac{1}{8} + \frac{1}{8} + \frac{1}{8} + \frac{1}{8}\right) \\
&= \frac{1}{1} + \left(\frac{1}{2} \times 1\right) + \left(\frac{1}{4} \times 2\right) + \left(\frac{1}{8} \times 4\right) \\
&= \frac{1}{1} + \frac{1}{2} + \frac{1}{2} + \frac{1}{2} \\
&= 1 + \frac{3}{2}
\end{aligned}
$$

「……先寫到這裡吧。雖然中間變成了不等式，但能理解吧？為了方便一般化，就不計算到最後，推導到 $1+\dfrac{3}{2}$ 為止。雖然現在只討論 H_8，但以同樣的方式討論 $H_1, H_2, H_4, H_8, H_{16},$ ……，會像這樣。」

$$H_1 \geq 1+\frac{0}{2}$$

$$H_2 \geq 1+\frac{1}{2}$$

$$H_4 \geq 1+\frac{2}{2}$$

$$H_8 \geq 1+\frac{3}{2}$$

$$H_{16} \geq 1+\frac{4}{2}$$

$$\vdots$$

「一般化不難，假設 m 為 0 以上的整數，則下式成立。」

$$H_{2^m} \geq 1+\frac{m}{2}$$

「可是，這是不等式吧。需要等式才有辦法正確求出 H_{2^m} 的值吧？」

「現在的目標不是要正確求出 H_{2^m} 的值，而是要找出 H_{2^m} 能夠變大到什麼程度。想想看上式中的 m 變大後會如何？」

「……啊，我知道了！無止境變大！m 變大後，$1+\dfrac{m}{2}$ 會無止境變大。所以……嗯！若是用不等號來想，m 變大後，H_{2^m} 會無止境變大！」

「冷靜一點。確實根據題意，題目給予 M 時，能夠代替 $M < \sum_{k=1}^{n} \frac{1}{k}$ 成立的 n 嗎？」

「好的，我明白了。無論對多麼大的 M，當 m 夠大，就能夠找到滿足下式的 m。

$$M < 1 + \frac{m}{2}$$

比如，假設 m 是 $2M$ 以上的整數就行了。找到 m 後，再假設 $n = 2^m$，也就是用 m 代替 n。這個 n 就是要求的 n 嘛。」

$$M < 1 + \frac{m}{2} \leqq H_{2^m} = H_n = \sum_{k=1}^{n} \frac{1}{k}$$

「沒錯。所以，昨天問題 8-1 的解答是……」

解答 8-1

假設實數集合為 $\mathbb{R}$、正整數集合為 $\mathbb{N}$，則下式成立。

$$\forall M \in \mathbb{R} \quad \exists n \in \mathbb{N} \quad M < \sum_{k=1}^{n} \frac{1}{k}$$

「這樣啊，不等式真是方便。雖然不能求得正確值，但可從較小的數值往上推……」蒂蒂邊說邊做出排球托球的動作。

「這樣就找到其中一個寶物了，$\sum_{k=1}^{n} \frac{1}{k}$ 會無止境變大。」我說道。

「真不可思議，學長。用 $\sum_{k=1}^{n} \frac{1}{k}$ 這個會變大的數，就可以將 H_{2^m} 大幅往上推。為了往上推，可以使用不等式，到這裡還好……但明明是逐漸變小的 $\frac{1}{k}$，總和的 $\sum_{k=1}^{n} \frac{1}{k}$ 卻是無止境變大，真是不可思議耶。」蒂蒂不斷點頭。

「是的。那麼，試著將『無止境變大』的說法轉換成數學

式吧。為了簡單起見，在此限定為所有項大於 0 的數列。」我邊說邊在筆記本上書寫。

「已知所有項大於 0 的數列 $a_k > 0 \, (k = 1, 2, 3, \ldots)$，部分和 $\sum_{k=1}^{n} a_k$ 滿足下述條件，

$$\forall M \in \mathbb{R} \quad \exists n \in \mathbb{N} \quad M < \sum_{k=1}^{n} a_k$$

$n \to \infty$ 時，$\displaystyle\sum_{k=1}^{\infty} a_k = \infty$ **會往正無限大發散**。如此定義後，數學式可寫為

$$\sum_{k=1}^{\infty} a_k = \infty$$

$a_k = \frac{1}{k}$ 的情況相當於問題 8-1。由上面定義的『往正無限大發散』，可得到下面的結論。」

「無窮級數 $\sum_{k=1}^{\infty} \frac{1}{k}$ 會往正無限大發散。」

蒂蒂盯著我的筆記本，一臉認真地思考。

「不管是什麼正數，只要無限加起來，就會無止境變大……因為是無限嘛。」

「咦？妳剛才說了奇怪的話喔。那麼，這個問題如何？」

問題 8-2

假設實數集合為 $\mathbb{R}$、正整數集合為 $\mathbb{N}$，且 $\forall k \in a_k > 0$，則下式是否恆成立？

$$\forall M \in \mathbb{R} \quad \exists n \in \mathbb{N} \quad M < \sum_{k=1}^{n} a_k$$

「嗯，我想問題 8-2 會成立。因為……大量相加正數 a_k 後
——也就是 n 變大後——總和也相對應變大嘛，最後 M 會比
$\sum_{k=1}^{n} a_k$ 還要大。」

「嗯……雖然我瞭解妳為什麼這麼想，但妳高估了無限大
喔，雖然這麼說有點奇怪。」

「哎？無論相加多少正數也不會大於——沒辦法大過 M，
會有這樣的狀況嗎？」

「當然有。比如，假設數列 a_k 的一般項為

$$a_k = \frac{1}{2^k}$$

如何呢？」

「哎？」

「此時，對所有正整數 k，$a_k > 0$ 成立，但 $\sum_{k=1}^{n} a_k$ 卻沒有
辦法變得很大，因為……」

$$\sum_{k=1}^{n} a_k = \sum_{k=1}^{n} \frac{1}{2^k}$$

這是根據 a_n 的定義。接著具體寫出 $\sum$：

$$= \frac{1}{2^1} + \frac{1}{2^2} + \cdots + \frac{1}{2^n}$$

為了方便計算，加上 $\frac{1}{2^0}$ 後再減去：

$$= \left(\frac{1}{2^0} + \frac{1}{2^1} + \frac{1}{2^2} + \cdots + \frac{1}{2^n} \right) - \frac{1}{2^0}$$

運用等比數列的和公式：

$$= \frac{1 - \frac{1}{2^{n+1}}}{1 - \frac{1}{2}} - 1$$

去掉分子 $-\frac{1}{2^{n+1}}$ 項後，可列出不等式：

$$< \frac{1}{1-\frac{1}{2}} - 1$$

最後進行計算：

$$= 2 \quad (?)$$

「那個，對不起……最後的 $\frac{1}{1-\frac{1}{2}}-1$ 計算結果不是 2 吧？」

「咦？……啊，真的，最後的計算結果是 1 才對。因此，下式成立。」

$$\sum_{k=1}^{n} \frac{1}{2^k} < 1$$

「簡言之，無論 $\sum_{k=1}^{n} a_k = \sum_{k=1}^{n} \frac{1}{2^k}$ 的 n 有多大，結果都不會大於 1。不管相加多少項，$\frac{1}{2^k}$ 會急劇逼近 0，總和卻都沒辦法超過 1。$M<1$ 時，存在滿足條件的 n，但 $M \geqq 1$ 時，不存在滿足條件的 n。因此，以 $a_k = \frac{1}{2^k}$ 為**反例**，問題 8-2 的答案會是以下這樣。」

解答 8-2

假設實數集合為 $\mathbb{R}$、正整數集合為 $\mathbb{N}$，且 $\forall k \in \mathbb{N}\, a_k > 0$。下式未必成立。

$$\forall M \in \mathbb{R} \quad \exists n \in \mathbb{N} \quad M < \sum_{k=1}^{n} a_k$$

「原來如此。n 變大時，部分和有能夠無止境變大與並不如此的兩種狀況……不過，學長也會計算錯誤啊。」

「當然會啊。雖然剛才的錯誤不會影響證明過程——」

就在這一瞬間，蒂蒂模仿我的口吻說：

「不過，自己要確認清楚才行喔——對吧，學長？」

經過瞬間的沉默後，我們看著彼此笑了出來。

8.6　在教室調和

在放學後的教室裡，我向默默準備回家的米爾迦搭話。

「吶，米爾迦。前陣子，我恍神沒有好好聽妳說話，那個……對不起。關於昨天的 $\zeta(1)$，我不是很清楚 ζ 函數，$\zeta(1)$ 會往正無限大發散——」

「哼……」

這、這有點難繼續講下去。

不久，米爾迦拿起粉筆在黑板上書寫。

「這是 ζ 函數 $\zeta(s)$ 的定義，**黎曼 ζ 函數**。」

$$\zeta(s) = \sum_{k=1}^{\infty} \frac{1}{k^s} \qquad （\zeta 函數的定義式）$$

米爾迦繼續寫著數學式。

「$\zeta(s)$ 被定義為無窮級數的形式，$s=1$ 的 ζ 函數是**調和級數**，有時會取 Harmonic Series 的字頭 H，記為 H_{∞}。」

$$H_{\infty} = \sum_{k=1}^{\infty} \frac{1}{k} \qquad （調和級數的定義式）$$

「換句話說，$s=1$ 的 ζ 函數與調和級數 H_{∞} 等值。」

「咦，這樣啊。那我和蒂——我想到的無窮級數 $\sum_{k=1}^{\infty} \frac{1}{k}$ 和 $\zeta(1)$ 一樣啊。」

　　村木老師出給我和米爾迦的是相同的問題嗎？原來 H 是 Harmonic 的第一個字母。

　　不理會我說的話，米爾迦繼續講下去。

　　「下面的部分和 H_n 稱為**調和數**。」

$$H_n = \sum_{k=1}^{n} \frac{1}{k} \quad （調和數的定義式）$$

　　「換句話說，$n \to \infty$ 時，調和數 $H_n \to$ 調和級數 H_∞。」
教室裡響起米爾迦的粉筆聲。

$$H_\infty = \lim_{n \to \infty} H_n \quad （調和級數與調和數的關係）$$

　　「$n \to \infty$ 時，調和數 H_n 會往正無限大發散。」

$$\lim_{n \to \infty} H_n = \infty$$

　　「因此，調和級數會往正無限大發散。」

$$H_\infty = \infty$$

　　「換句話說，$\zeta(1)$ 會往正無限大發散。」

$$\zeta(1) = \infty$$

　　「為什麼能說『調和級數會往正無限大發散』——」

　　此時，米爾迦終於斜眼看向我，嘴角露出笑容，恢復了平時的模樣。

　　我鬆了一口氣，說出我寫給蒂蒂的證明。假設 m 為 0 以上的整數，利用 $H_{2^m} \geq 1 + \frac{m}{2}$ 成立。

　　「沒錯。你的證明跟 14 世紀奧里斯姆（Nicole Oresme）的方法相同。」米爾迦說道。

ζ函數、調和級數、調和數

$$\zeta(s) = \sum_{k=1}^{\infty} \frac{1}{k^s} \qquad (\zeta 函數的定義式)$$

$$H_{\infty} = \sum_{k=1}^{\infty} \frac{1}{k} \qquad (調和級數的定義式)$$

$$H_n = \sum_{k=1}^{n} \frac{1}{k} \qquad (調和數的定義式)$$

此時，米爾迦閉上眼睛，宛若指揮般用手指劃了一個 L 型後，再次睜開眼睛。

「吶，你還記得在離散世界尋找指數函數的事情嗎？」她問道。

「嗯，記得喔。」印象中是列出差分方程式求解。

「那麼，這個問題如何？在離散世界中尋找『指數函數的反函數』──也就是對數函數。」

問題 8-3
定義對應連續世界對數函數 $\log_e x$ 的離散世界函數 $L(x)$。

$$\begin{array}{ccc} 連續世界 & \longleftrightarrow & 離散世界 \\ \log_e x & \longleftrightarrow & L(x) = ? \end{array}$$

「那麼，我要回家了。你慢慢想吧。」

　　米爾迦迅速拍落手指上的粉筆灰，走向教室門口，然後在門口轉頭說：

　　「先告訴你一件事。你的缺點就是不畫圖，數學可不只是探討式子。」

8.7　兩個世界，四種演算

　　夜晚。

　　我在房間裡攤開筆記本，思考米爾迦拋出的問題 8-3。

　　在離散世界中，尋找對數函數 $\log_e x$ 所對應的函數。

　　之前在探討指數函數時，曾對應式子 $De^x = e^x$ 與 $\Delta E(x) = E(x)$ 來求解問題，成功對應微分方程式與差分方程式。

　　所以就從對數函數 $\log_e x$ 的微分方程式開始吧。

　　我在書上看過對數函數 $\log_e x$ 的微分。

$$f(x) = \log_e x$$
$$\downarrow \text{微分}$$
$$f'(x) = \frac{1}{x}$$

　　利用「微分後為 $\frac{1}{x}$」性質，討論滿足對數函數的微分方程式。由於 $\frac{1}{x}$ 可以寫成 x^{-1}，所以也可說「微分後為 x^{-1}」。若以米爾迦之前用過的微分運算子 D 來寫，如下所示：

$$D \log_e x = x^{-1} \qquad \textbf{滿足對數函數的微分方程式}$$

　　以此類推，對應 $\log_e x$ 的離散世界函數 $L(x)$，會滿足下列差分方程式，將平常的 -1 次方替換成遞降階乘的 -1 次方。

$$\Delta L(x) = x^{\underline{-1}} \qquad \textbf{滿足函數 } L(x) \textbf{ 的差分方程式}$$

不過，之前與米爾迦討論的時候，只討論到 $n > 0$ 範圍的遞降階乘 $x^{\underline{n}}$。

遞降階乘的定義（n 為正整數）

$$x^{\underline{n}} = \underbrace{(x-0)(x-1)\cdots(x-(n-1))}_{n\text{ 個}}$$

如此一來，必須討論在 $n \leqq 0$ 的範圍怎麼定義 $x^{\underline{n}}$ 才適當。

$n = 4, 3, 2, 1$ 時，$x^{\underline{n}}$ 如下所示：

$$x^{\underline{4}} = (x-0)(x-1)(x-2)(x-3)$$
$$x^{\underline{3}} = (x-0)(x-1)(x-2)$$
$$x^{\underline{2}} = (x-0)(x-1)$$
$$x^{\underline{1}} = (x-0)$$

仔細觀察式子，會發現

- $x^{\underline{4}}$ 除以 $(x-3)$ 可得 $x^{\underline{3}}$。
- $x^{\underline{3}}$ 除以 $(x-2)$ 可得 $x^{\underline{2}}$。
- $x^{\underline{2}}$ 除以 $(x-1)$ 可得 $x^{\underline{1}}$。

進一步延伸下去，會發現

- $x^{\underline{2}}$ 除以 $(x-0)$ 可得 $x^{\underline{0}}$。
- $x^{\underline{0}}$ 除以 $(x+1)$ 可得 $x^{\underline{1}}$。
- $x^{\underline{-1}}$ 除以 $(x+2)$ 可得 $x^{\underline{-2}}$。
- $x^{\underline{-2}}$ 除以 $(x+3)$ 可得 $x^{\underline{-3}}$。

換句話說，如下所示：

$$x^{\underline{0}} = 1$$

$$x^{\underline{-1}} = \frac{1}{(x+1)}$$

$$x^{\underline{-2}} = \frac{1}{(x+1)(x+2)}$$

$$x^{\underline{-3}} = \frac{1}{(x+1)(x+2)(x+3)}$$

遞降階乘的定義（n 為整數）

$$x^{\underline{n}} = \begin{cases} (x-0)(x-1)\cdots(x-(n-1)) & (n>0 \text{ 時}) \\ 1 & (n=0 \text{ 時}) \\ \dfrac{1}{(x+1)(x+2)\cdots(x+(-n))} & (n<0 \text{ 時}) \end{cases}$$

接著回到對數函數吧，目標是解出下列差分方程式：

$$\Delta L(x) = x^{\underline{-1}}$$

左邊可由 Δ 的定義，代換為 $L(x+1) - L(x)$。

右邊可由 $x^{\underline{-1}}$ 的定義，代換為 $\frac{1}{x+1}$，所以差分方程式如下：

$$L(x+1) - L(x) = \frac{1}{x+1} \qquad L(x) \text{ 的差分方程式}$$

只要用這個求出 $L(x)$ 就行了……咦？

哎呀？

$L(x+1) - L(x) = \frac{1}{x+1}$ 不就是前陣子跟蒂蒂講過的式子嗎？嗯

……就是這個。

$$H_{n+1} - H_n = \frac{1}{n+1}$$ **調和數 H_n 的遞迴關係式**

$L(x)$ 的差分方程式與調和數 H_n 的遞迴關係式居然完全一樣！既然這樣，定義 $L(1)=1$，可獲得如下的簡潔關係式：

$$L(x) = \sum_{k=1}^{x} \frac{1}{k}$$

用調和數的表記法 H_n，如下：

$$L(x) = H_x \quad x \text{ 為正整數}$$

這樣就解決問題 8-3 了。

解答 8-3

$$L(x) = \sum_{k=1}^{x} \frac{1}{k}$$
$$= H_x \quad （調和數）$$

如此一來，可列出下面的對應關係：

対數函數與調和數的關係

$$連續世界 \quad \longleftrightarrow \quad 離散世界$$

$$\log_e x \quad \longleftrightarrow \quad H_x = \sum_{k=1}^{x} \frac{1}{k}$$

　　不過，對數函數與調和數到底有什麼密切的關係這點，我還是沒什麼想法……

　　等一下，在討論「微分和差分」時，米爾迦最後曾略為提到「積分與和分」的事情。在「連續世界」和「離散世界」的兩個世界，微分、差分、積分、和分這四種演算……好，來畫圖整理看看。

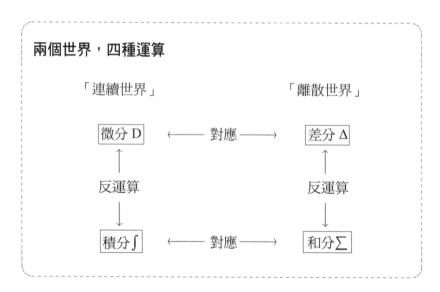

兩個世界，四種運算

「連續世界」　　　　　　　　　　「離散世界」

微分 D　　←── 對應 ──→　　差分 Δ

反運算　　　　　　　　　　　反運算

積分 ∫　　←── 對應 ──→　　和分 ∑

　　嗯──漂亮的整理好了。在這張圖中，調和數相當於右下角的「和分 ∑」。如此一來，必須要返回左下角的連續世界

……啊，對了！$\log_e x$ 微分後為 $\frac{1}{x}$，表示 $\frac{1}{x}$ 積分後為 $\log_e x$。好厲害，倒數的積分確實對應著倒數的和分。寫成 $\log_e x$ 沒有什麼感覺，但寫成 $\int_1^x \frac{1}{t}$ 就行了。

對數函數與調和數的關係

$$\text{連續世界} \quad \longleftrightarrow \quad \text{離散世界}$$

$$\log_e x = \int_1^x \frac{1}{t} \quad \longleftrightarrow \quad H_n = \sum_{k=1}^n \frac{1}{k}$$

如此便可理解。

在連續世界的積分，寫成 dt 可能會比較好。那麼，離散世界……就要用 δk。啊，假設 δk = 1，便可順利對應。

$$\int_1^x \frac{1}{t} dt \quad \longleftrightarrow \quad \sum_{k=1}^n \frac{1}{k} \delta k$$

整理得相當簡潔，還是數學式令人心情舒暢。

> 「你的缺點就是不畫圖。」

嗚，被米爾迦當面指正，感覺心好痛，比之前被踩到腳還要痛。

好，就照米爾迦所說的，試著來畫圖吧。積分與和分可畫成表示面積的圖形。

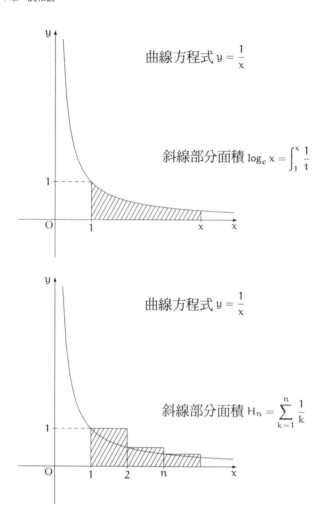

曲線方程式 $y = \dfrac{1}{x}$

斜線部分面積 $\log_e x = \displaystyle\int_1^x \dfrac{1}{t}$

曲線方程式 $y = \dfrac{1}{x}$

斜線部分面積 $H_n = \displaystyle\sum_{k=1}^{n} \dfrac{1}{k}$

　　的確，畫了圖就能夠清楚看出「連續世界」與「離散世界」是互相對應的——真是令人吃驚。

8.8 已知的鑰匙、未知的大門

「……所以，我瞭解到『連續世界的對數函數』與『離散世界的調和數』是互相對應的。」

一如往常，回家的路上，蒂蒂和我並肩走向車站，我大略說明了米爾迦的問題和成果。

「仔細想想，只要好好探討奧里斯姆的證明，應該就能注意到。妳看，在證明 $\sum_{k=1}^{\infty} \frac{1}{k}$ 往正無限大發散時，1 個、2 個、4 個、8 個等每 2^m 個項形成一組，集合起來的項數呈現指數函數增加。從這邊應該就能夠注意到，調和數與指數函數的反函數——對數函數相似的可能性。」若是當時畫了圖，或許就能馬上回答米爾迦的問題。我的問題就像米爾迦指出的那樣，真是令人心痛啊。

蒂蒂原本興味盎然地聽著我說，但她突然停下腳步，露出沮喪的表情。

「……學長，雖然我誇下海口『也想做研究課題』，結果自己完全找不出『有趣的東西』，全部都要學長告訴我。我的數學果然很糟糕。」

「不，不是這樣喔。」我也停下腳步說道。

「蒂蒂有自己努力想過吧？這是很重要的事情，即使什麼都沒有找到，正因為有努力想過，才能夠立刻理解我後面說的內容。不要忘了這一點。」

蒂蒂靜靜地聽我說。

「妳想盡辦法解讀數學式，這是非常了不起的事情。許多人一看到數學式就停止思考，直接略過不讀，完全不思考數學式的意義。當然，許多時候不能理解困難數學式的意義，但即便沒有全部瞭解，也應該檢討『到這裡能夠理解，從這裡開始

不明白』。當人說出『沒辦法』，就會停止閱讀，不去進一步思考，大聲嚷嚷著數學沒有什麼用處。久而久之，情況會從『因為沒用所以不讀』變成『就算有用也讀不懂』。學習數學不能抱著酸葡萄心理，因此，勇於嘗試挑戰的蒂蒂非常了不起喔。」

「可是……雖然看學長練習並解答問題，感覺似乎能夠理解，但卻不覺得自己有辦法做到。該怎麼做才能做到呢？要從哪邊開始思考呢？……我完全沒有任何頭緒。」

「但是，我也不是完全憑藉自己的力量想出新東西，而是根據過去讀過的東西、解過的問題獲得靈感。上課練習的問題、自己想到的課題、書裡寫出的例題、跟朋友討論出的解法……這些都會成為我發現寶物、挖掘寶藏的力量。」

我繼續向前走，蒂蒂跟在我的旁邊。我繼續說：

「求解問題時的心態，類似於使用不等式來評估數學式的大小，未必都會像等式一樣剛好找到答案，而是會討論『從現在已知的條件來判斷，答案會比這個大，但是會比那個小……』之類的。根據已知的線索，逐漸逼近答案，未必能夠一口氣完全瞭解。在知道的地方敲下楔子，再用鐵鍬用力挖動岩石，就好比用已知的鑰匙打開未知的大門。」

蒂蒂的眼中發出光芒。

「蒂蒂，學習的同時也在自己心中累積『原來如此』的感覺吧。即便想不出來也無所謂，閱讀完美的證明，體會『真是厲害』的感覺，也是很重要的經驗。」

「嗯、嗯，我懂。在學英文的時候，聽到以英文為母語的人的發音，會希望自己也能夠這樣發音……不過學長，我聽著學長的談話……都會特別有活力。我、我真的……」

她邊說話邊放慢腳步，蒂蒂一向活潑，只有在回家的路上會放慢腳步。

我們有一陣子就只是這樣默默地走著。

「啊，對了，這個星期六要不要去天文台？」

「哎……和學長嗎？去天文台？跟我嗎？」蒂蒂用食指指著自己的鼻子。

「我從都宮那裡拿到免費的招待券，聽說還不錯看。妳不喜歡嗎？」

「我很喜歡！我要去！哇、哇……學長，我真的好高興！啊——可是不邀『那位學姐』可以嗎？那個……米爾迦學姐。」

「啊，說的也是。如果蒂蒂妳覺得不方便……」

「沒、沒有！沒有不方便！我絕對會去的！」

8.9　如果世界上只有兩個質數

如果世界上只有兩個人，煩惱就沒有那麼多了吧。正因為人類太多，才會相互比較，並因此感到失落，彼此競爭搶奪。如果像亞當與夏娃一樣，世上只有兩個人，是不是就不會出現麻煩了呢？不，只有亞當與夏娃的時候也出現了麻煩。不過，那是因為當時還有蛇，如果真的只剩兩個人，是不是就不會發生問題了呢？不，可能還是會發生問題。即便起初只有兩個人，人數遲早會慢慢增加。這樣一來，變化日益豐富的同時，或許會帶來麻煩——

「你在想什麼？」米爾迦問道。

「在想如果世界上只有兩個人會如何？」我答道。

「嗯哼，攤開數學筆記本想這件事？——那麼，就來說說『如果世界上只有兩個質數的話題』吧。」

米爾迦一如往常地拿走我的筆記本，開始在上頭書寫數學式。

8.9.1 　卷積

「照順序來講吧。首先，討論下面形式的乘積。」米爾迦說道。我默默地聽著。

$$(2^0 + 2^1 + 2^2 + \cdots) \cdot (3^0 + 3^1 + 3^2 + \cdots)$$

「這個乘積會往正無限大發散，所以稱為形式上的乘積。不過，先展開前幾項來觀察吧。」

$$2^0 3^0 + 2^0 3^1 + 2^1 3^0 + 2^0 3^2 + 2^1 3^1 + 2^2 3^0 + \cdots$$

「根據指數和進行分組後，就能看出規律。」

$$(2^0 3^0) + (2^0 3^1 + 2^1 3^0) + (2^0 3^2 + 2^1 3^1 + 2^2 3^0) + \cdots$$

「換句話說，能夠表達成下面的雙倍和。」

$$\sum_{n=0}^{\infty} \sum_{k=0}^{n} 2^k 3^{n-k}$$

我看著式子的展開，點了點頭說道：

「米爾迦，這是卷積吧。外側 $\sum_{n=0}^{\infty}$ 的 n 會從 0、1、2、……逐漸增加，分別對應內側 $\sum_{k=0}^{n}$ 列舉 2 和 3 的指數和為 n 的數，也就是『分配』2 和 3 的指數——」

「分配？……嗯哼，的確可以這樣說。**質因數只有 2 或 3 的正整數，在這個總和中肯定只會出現一次。**因為在 2 和 3 的指數部分，0 以上的整數任意組合只會出現一次。」

「原來如此，的確是這樣。」我答道。

「雖然質因數只有 2 或 3，但也包含 1。」她補充道。

8.9.2　等比級數收斂

米爾迦繼續說：「現在來討論如下的無窮級數乘積，命名為 Q_2。」

$$Q_2 = \left(\frac{1}{2^0} + \frac{1}{2^1} + \frac{1}{2^2} + \cdots \right) \cdot \left(\frac{1}{3^0} + \frac{1}{3^1} + \frac{1}{3^2} + \cdots \right)$$

「前面是往正無限大發散的形式乘積，但這裡不一樣。因為 Q_2 的兩個因式是收斂的等比無窮級數。使用等比級數公式計算兩個因式，Q_2 會變成『乘積形式』。」米爾迦說道。

$$Q_2 = \left(\frac{1}{2^0} + \frac{1}{2^1} + \frac{1}{2^2} + \cdots \right) \cdot \left(\frac{1}{3^0} + \frac{1}{3^1} + \frac{1}{3^2} + \cdots \right)$$
$$= \left(\frac{1}{1 - \frac{1}{2}} \right) \cdot \left(\frac{1}{1 - \frac{1}{3}} \right) \quad \text{「乘積形式」}$$

她繼續說下去：「再試著從頭展開 Q_2，Q_2 會變成『相加形式』。如此一來，分母會出現剛才的 $2^k 3^{n-k}$ 形式。」

$$Q_2 = \left(\frac{1}{2^0} + \frac{1}{2^1} + \frac{1}{2^2} + \cdots \right) \cdot \left(\frac{1}{3^0} + \frac{1}{3^1} + \frac{1}{3^2} + \cdots \right)$$
$$= \underbrace{\left(\frac{1}{2^0 3^0} \right)}_{n=0} + \underbrace{\left(\frac{1}{2^0 3^1} + \frac{1}{2^1 3^0} \right)}_{n=1} + \underbrace{\left(\frac{1}{2^0 3^2} + \frac{1}{2^1 3^1} + \frac{1}{2^2 3^0} \right)}_{n=2} + \cdots$$
$$= \sum_{n=0}^{\infty} \sum_{k=0}^{n} \frac{1}{2^k 3^{n-k}} \quad \text{「相加形式」}$$

「上面以兩個分法求出了 Q_2。因此，下面的等式成立。」米爾迦說道。

$$\left(\frac{1}{1-\frac{1}{2}}\right) \cdot \left(\frac{1}{1-\frac{1}{3}}\right) = \sum_{n=0}^{\infty} \sum_{k=0}^{n} \frac{1}{2^k 3^{n-k}}$$

「左邊是積，右邊是和啊。」我說道。

8.9.3　質因數分解的唯一性

「那麼，假設『世界上只有 2 和 3 兩個質數』，則所有正整數在 $\sum_{n=0}^{\infty} \sum_{k=0}^{n} \frac{1}{2^k 3^{n-k}}$ 的分母 $2^k 3^{n-k}$ 中肯定只會出現一次。」米爾迦說道。

「咦？米爾迦，$2^k 3^{n-k}$ 不會出現全部的正整數喔。就算加上 1，也只會出現質因數為 2 或 3 的正整數，不會出現 5、7 或 10 等整數。」我說道。

「所以，我才假設『世界上只有 2 和 3 兩個質數』。如果世界上只有 2 和 3 兩個質數，就沒有 5、7、10 等整數了。這樣還不懂我想說什麼嗎？」她說道。

「妳想說的是**質因數分解的唯一性**吧。因為『大於 1 的所有整數都可以表示為唯一的質數乘積』，所以『如果世界上只有 2 和 3 兩個質數，就沒有 5、7 等整數』……吶，別再講『世界上只有兩個質數的話題』了，總覺得不會有結果。」

「好吧，既然你這麼說，就不講了。只有兩個質數的確沒辦法討論，質數本來就不可能只有兩個。那麼，假設世界上只有 m 個質數。」米爾迦奸詐地笑道。

「不，就說別再講了。無論是兩個還是 m 個，結果都一樣。這樣假設會使質數變成有限多個。」米爾迦究竟想要說什麼啊？

「就是假設『質數是有限多個』哦，還沒注意到嗎？」

看著米爾迦的表情，我突然想到。

「反證法——嗎？」

8.9.4 質數無限性的證明

反證法——這是證明的基本方法之一。簡單來說，反證法是「假設欲證命題的否定命題成立，再推導出矛盾的結論」。不過，由於是刻意假設欲證命題的否定命題，有很多人都感到相當棘手。

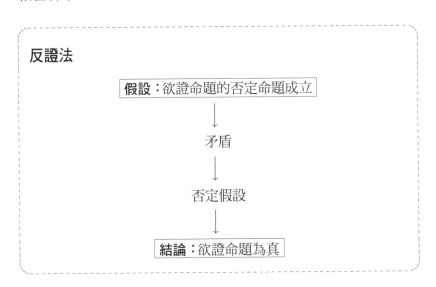

「那麼，現在開始用反證法來證明：**質數存在無限多個。**」

她宛若手術前的外科醫師般舉起雙手宣言。

「吶，米爾迦。妳是要用歐幾里得的方法證明質數的無限性吧？假設質數為有限多個，則所有質數相乘再加 1 仍是質數——」

我還沒說完,米爾迦就倏地在我眼前搖晃起手指,阻止我說下去。

「假設質數為有限多個。」米爾迦用清脆的聲音繼續說道。

「假設質數的個數為 m 個,則所有質數由小到大依序為

$$p_1, p_2, \ldots, p_k, \ldots, p_m$$

最初的 3 個是 $p_1 = 2$、$p_2 = 3$、$p_3 = 5$ 哦。然後,討論如下的無限相加的有限乘積 Q_m。」

$$\begin{aligned} Q_m &= \left(\frac{1}{2^0} + \frac{1}{2^1} + \frac{1}{2^2} + \cdots \right) \cdot \left(\frac{1}{3^0} + \frac{1}{3^1} + \frac{1}{3^2} + \cdots \right) \\ &\quad \cdots \cdot \left(\frac{1}{p_m{}^0} + \frac{1}{p_m{}^1} + \frac{1}{p_m{}^2} + \cdots \right) \\ &= \prod_{k=1}^{m} \left(\frac{1}{p_k{}^0} + \frac{1}{p_k{}^1} + \frac{1}{p_k{}^2} + \cdots \right) \\ &= \prod_{k=1}^{m} \frac{1}{1 - \frac{1}{p_k}} \qquad \text{「乘積形式」} \end{aligned}$$

「簡單來說,就是將剛才 Q_2 的兩個質數增加為 m 個。然後,因為是 m 個有限數值相乘,所以 Q_m 也會是有限數值。」

我追隨式子思考著。

「嗯⋯⋯啊,原來如此。由於質數 p_k 是 2 以上,所以等比級數 $\frac{1}{p_k{}^0} + \frac{1}{p_k{}^1} + \frac{1}{p_k{}^2} + \cdots$ 會收斂到 $\frac{1}{1 - \frac{1}{p_k}}$,形成有限數值。」

「沒錯。然後,從這裡開始會很有趣哦⋯⋯」

米爾迦說完,伸出小小的舌頭慢慢舔了舔上唇。

「將剛才對兩個質數 2 和 3 做的事情,套用到 m 個質數上。換句話說,在有限的前提下,具體展開數學式。若用你的話來

說，這不是『分配』給兩個指數，而是『分配』給 m 個質數。」

$$Q_m = \left(\frac{1}{2^0} + \frac{1}{2^1} + \frac{1}{2^2} + \cdots\right) \cdot \left(\frac{1}{3^0} + \frac{1}{3^1} + \frac{1}{3^2} + \cdots\right)$$

$$\cdots \cdot \left(\frac{1}{p_m^{\ 0}} + \frac{1}{p_m^{\ 1}} + \frac{1}{p_m^{\ 2}} + \cdots\right)$$

$$= \underbrace{\left(\frac{1}{2^0 3^0 5^0 \cdots p_m^{\ 0}}\right)}_{\text{指數和為 0 的項}} + \underbrace{\left(\frac{1}{2^1 3^0 5^0 \cdots p_m^{\ 0}} + \cdots + \frac{1}{2^0 3^0 5^0 \cdots p_m^{\ 1}}\right)}_{\text{指數和為 1 的項}} + \cdots$$

$$= \sum_{n=0}^{\infty} \underbrace{\sum \frac{1}{2^{r_1} 3^{r_2} 5^{r_3} \cdots p_m^{\ r_m}}}_{\text{指數和為 } n \text{ 的項}} \qquad \text{「相加形式」}$$

「會變成這種形式的式子。」米爾迦說道。

「嗯……看不懂最後的式子，尤其內側的 $\sum$ 什麼都沒有寫。」我說道。

「雖然什麼都沒有寫，但內側的 $\sum$ 滿足 $r_1 + r_2 + \cdots + r_m = n$，故取所有關於 $r_1, r_2, \cdots, r_m$ 的總和。」

「這就是『指數和為 n 的全部組合』嗎？米爾迦。」

「沒錯。簡單來說，Q_m 就是 $\dfrac{1}{\text{質數乘積}}$ 形式的各項相加，將質數 p_k 的指數表示為 r_k，對指數和為 n 的所有組合取 $\dfrac{1}{\text{質數乘積}}$ 的相加。然後，分母『質數乘積』的部分會變成這樣。」

$$2^{r_1} 3^{r_2} 5^{r_3} \cdots p_m^{\ r_m}$$

「根據反證法，假設世界上只有 m 個質數，由質因數分解的唯一性可知，所有正整數能夠質因式分解為唯一 $p_1^{r_1} p_2^{r_2} p_3^{r_3} \cdots p_m^{r_m}$ 的形式。換句話說……在展開 Q_m 各項的 $\dfrac{1}{\text{質數乘積}}$ 分母中，所有正整數肯定只會出現一次。」

「是的，跟剛才的 2 和 3 情況一樣。」

「分母中『所有的正整數肯定只會出現一次』，也就是下式會成立的意思。」

$$Q_m = \frac{1}{1} + \frac{1}{2} + \frac{1}{3} + \frac{1}{4} + \cdots$$

「啊！」這是調和級數。

「你終於注意到了。」

「明明 Q_m 是有限的，但總和卻是發散的。」

「沒錯。由收斂的無窮等比級數，可知 Q_m 是有限的。」米爾迦接二連三地說下去。

$$Q_m = \prod_{k=1}^{m} \frac{1}{1 - \frac{1}{p_k}} \quad （有限的值）$$

「然而，這裡的 Q_m 等於調和級數 $\sum_{k=1}^{\infty} \frac{1}{k}$。」

$$Q_m = \sum_{k=1}^{\infty} \frac{1}{k} \quad （調和級數）$$

「也就是變成下面的等式。」

$$\prod_{k=1}^{m} \frac{1}{1 - \frac{1}{p_k}} = \sum_{k=1}^{\infty} \frac{1}{k}$$

「左邊是由假設質數為有限多個的反證法求得的『有限數值』，右邊是由調和級數求得的『往正無限大發散』。兩者互相矛盾。」

「！」我說不出話來。

「由反證法的假設『質數為有限多個』推導出矛盾，所以假設的否定命題『質數存在無數多個』為真。Quod Erat Demonstrandum──證明完畢。」

米爾迦豎起手指宣言：

「嗯，這樣就告一個段落了。」

使用調和級數的發散來證明質數的無限性……真是令人吃驚的寶物。

「這完美的證明，是從被譽為『他計算起來輕鬆自如，就像人們呼吸、老鷹在空中飛翔』，我們的老師那現學現賣而來。」她說道。

「我們的老師是？」

「18 世紀最偉大的數學家——李昂哈德・歐拉（Leonhard Euler）。」

米爾迦直直地看著我說道。

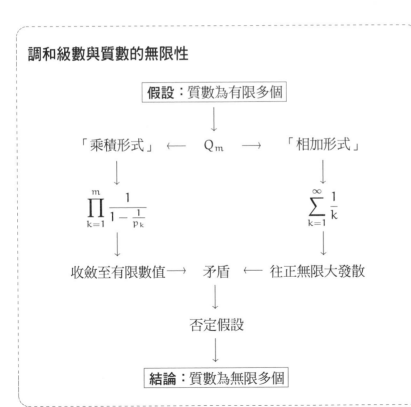

8.10 天文台

星期六。

天文台有許多情侶與帶著小孩的父母，蒂蒂和我坐在相鄰的座位上，圓頂的中央設置了形狀奇特的黑色投影機。

「和學長一起來天文台讓我有點緊張。今天早上，我起得非常早哦，嘿嘿。」蒂蒂搔了搔頭。

過了一會兒，照明轉暗，四周投影出黃昏的景致。夕陽西下，星星一顆顆浮現出來，夜空不久就布滿了大大小小的光點。

「好漂亮……」

旁邊的蒂蒂發出讚嘆。確實相當漂亮。

——那麼，我們接著飛往北極點——

隨著廣播聲，整個天空開始晃動，所有星辰一齊往後流動。宛若真的飛在空中的錯覺，讓我們不由得僵直身子，轉眼間就到了北極。

「極光！」不知從哪裡傳來小孩子的叫喊。

模糊的光芒逐漸增厚，形成簾幕般彎曲皺摺的形狀，顏色變幻，重疊好幾層將我們圍在中間。觀眾也安靜下來，沉浸於光之旋律中。

遠離往常的世界、往常的時空，蒂蒂與我兩人來到北極，來到遙遠的世界、遙遠的時空，一同仰望宇宙，眺望明明有限卻看似無限的星空。

就在這個時候……

我的心臟「撲通」一聲。

右腕感受到蒂蒂的重量。

　　她輕輕挽住我的手臂，將身體靠到我的身上，一如往常的甘甜香氣變得更濃郁了。

　　蒂蒂……

　　廣播繼續解說著在北極能夠看見的星座、地軸傾斜與永晝的現象，但我的腦袋卻沒有聽進任何說明。

　　天空群星閃爍，我心中卻浮現依偎身旁的蒂蒂身影，呼喚名字就笑顏逐開的蒂蒂、慌慌張張的蒂蒂、一臉認真的蒂蒂、努力思考卻不小心犯錯的蒂蒂、專心一致且充滿活力的蒂蒂。

　　這樣的蒂蒂，對我──？

　　我已經不曉得自己在想什麼了。

　　即使心意無法完全相符，但能足夠接近到看起來一致的距離吧。只要多花點時間──應該也可以像遞迴關係式一樣走在一起。

　　我們共享著有限的時光，所見所知極其甚微，但我們能夠掌握無限，將所見化為線索、將所知化為工具。我們沒有翅膀，但我們擁有語言。

　　……就這樣，不知道經過多久的時間，天空的極光如被吹散般消失，廣播沉穩的聲音將不知所措的我拉回現實。

　　──各位是否有好好享受這趟短暫的旅程呢？──

　　照明亮起，白光吞噬群星，原本繁星密布的平滑天球，剎時變回近似多面體的凹凸屏幕。

　　從奇幻世界歸來的觀眾，像是不捨卻又鬆口氣似地咳嗽、伸懶腰、準備離去，大家都回到各自的日常中。

　　但是。

　　但是，我仍然被蒂蒂挽著手臂。我們還停留於北極，在遙

遠的世界，在北方盡頭的極光下。

　　嗯——該說什麼好呢？我慢慢看向她。

　　「……咦？」

　　蒂蒂靠著我睡著了。
　　而且，睡得很沉。

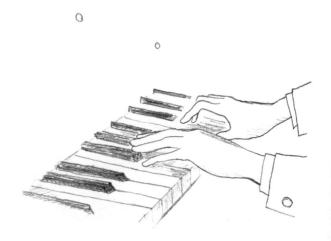

No.

Date　　·　·　·

「我」的筆記本

部分和　　$\displaystyle\sum_{k=1}^{n} a_k = a_1 + a_2 + a_3 + \cdots + a_n$

無窮級數　　$\displaystyle\sum_{k=1}^{\infty} a_k = a_1 + a_2 + a_3 + \cdots$

調和數　　$\displaystyle H_n = \sum_{k=1}^{n} \frac{1}{k} = \frac{1}{1} + \frac{1}{2} + \frac{1}{3} + \cdots + \frac{1}{n}$

調和級數　　$\displaystyle H_\infty = \sum_{k=1}^{\infty} \frac{1}{k} = \frac{1}{1} + \frac{1}{2} + \frac{1}{3} + \cdots$

ζ 函數　　$\displaystyle \zeta(s) = \sum_{k=1}^{\infty} \frac{1}{k^s}$

ζ 函數與調和級數　　$\displaystyle \zeta(1) = \sum_{k=1}^{\infty} \frac{1}{k}$

ζ 函數與歐拉乘積　　$\displaystyle \zeta(s) = \prod_{\text{質數} p} \frac{1}{1 - \frac{1}{p^s}}$

第 9 章
泰勒展開式與巴塞爾問題

於是，我將以連貫的數章，
分別探求無窮級數的諸多性質與其總和。
其中幾個級數所具備的性質，若缺乏無限解析支援，
即幾乎無法一探究竟。

——歐拉

9.1 圖書室

9.1.1 兩張卡片

「學長，有你的信！」

總是精力充沛的蒂蒂跑到我旁邊，她揮舞著手上的卡片，大聲叫喊，不過音量有點……

「喂，蒂蒂。這裡是圖書室，我們要保持安靜。音量稍微降低一點吧。」

「啊，好……對不起。」她回過神後垂下頭，害羞地看了看周圍。

一如往常的圖書室，一如往常的放學後，一如往常的活力少女——蒂蒂。

圖書室裡只有我們……但若太過吵鬧，驚動管理員瑞谷老

師就麻煩了。

「嗯——來，這是學長的。」她比較一下手中兩張卡片後，遞給我其中一張，然後再將另一張卡片放在胸前說道：「這是我的。」

「咦！蒂蒂也拿到村木老師的卡片了嗎？」

「嘿嘿嘿，是啊。我跟村木老師說：『我正在向學長請教數學。』然後，老師就給了我卡片，說一張是我的，另一張是學長的。因為這樣，我今天是郵差哦。」

蒂蒂露出純真的笑容。

我的卡片上寫了這樣的式子：

（我的卡片）

$$\sum_{k=1}^{\infty} \frac{1}{k^2}$$

蒂蒂的卡片則是這樣：

（蒂蒂的卡片）

$$\sin x = \sum_{k=0}^{\infty} a_k x^k$$

「學長⋯⋯我的卡片是『研究課題』嘛。」蒂蒂恢復認真的神情，坐到鄰近的座位說道。

「沒錯，『研究課題』。以這張卡片為出發點，試著自己演算問題、自由探討。村木老師偶爾會出這種題目給我們。」

蒂蒂將臉湊近雙手拿著的卡片，應該是在思考式子的意義吧。

「那個……學長，$\sin x = \sum_{k=0}^{\infty} a_k x^k$ 這種方程式，我想不出該怎麼解……」

「蒂蒂，這不是求 x 的問題。換句話說，這個式子不是方程式。」我笑道。

「不是方程式？」

「嗯，這不是方程式而是恆等式，要想辦法讓這張卡片上的式子變成恆等式——也就是對所有 x 皆成立——求數列 $a_0, a_1, a_2, \cdots$ 的問題。」

「嗯……學長，能夠多透露一些線索嗎？實際解問題的部分，我會自己加油的，只要告訴我怎麼開始就好。」

蒂蒂邊說邊做出抓著透明樓梯的動作，肯定是想要爬到天上去吧。

直到無窮的彼方為止。

9.1.2 無窮次多項式

「那麼，試著這樣設定問題吧。」我說著，並在蒂蒂的卡片寫下問題。

問題 9-1

假設函數 $\sin x$ 能夠如下展開為冪級數，試求此時的數列 $\langle a_k \rangle$。

$$\sin x = \sum_{k=0}^{\infty} a_k x^k$$

「冪級數……是——？」

「所謂**冪級數**，就是如這張卡片右邊的無窮次多項式。多項式。比如，妳知道關於 x 的二次多項式吧？」

「是說這樣的式子嗎？」蒂蒂攤開筆記本。

$$ax^2 + bx + c \quad \textbf{二次多項式（？）}$$

「是的，但嚴格來說不正確，還必須加上 $a \ne 0$ 等條件，否則若 $a = 0$、$b \ne 0$ 就不是二次多項，而是一次多項式。試著加上條件看看。」

「好的！」

她迅速回應並寫進筆記本中，真聽話。

$$ax^2 + bx + c \quad \textbf{二次多項式}\ (a \ne 0)$$

「那個，學長……這樣說起來，無窮次多項式是這樣寫嗎？總覺得……怪怪的。」

$$ax^{\infty} + bx^{\infty-1} + cx^{\infty-2} + \cdots \quad \textbf{無窮次多項式（？）}$$

原來如此，會寫成這樣啊……

「不對，這樣不行喔。蒂蒂，無窮次多項式要從指數較小的項開始寫，否則會碰到指數寫成 ∞ 的怪異情況。無窮次方的

『無窮』部分用最後的刪節號（……）來表示，比較下面的式子可以清楚得知。」

$$a_0 + a_1 x + a_2 x^2 \qquad \text{二次多項式 } (a_2 \neq 0)$$

$$a_0 + a_1 x + a_2 x^2 + \cdots \qquad \text{無窮次多項式（冪級數）}$$

「啊，原來如此。要先寫 x 指數較小的項，這樣說也沒錯。但話說回來，為什麼不是用 $a, b, c, \cdots$ 而是用 $a_0, a_1, a_2, \cdots$ 呢？」

「因為係數若使用 $a, b, c, \cdots, z$，只能從零次方表示到二十五次方，畢竟英文只有 26 個字母。而且變數既然已經用 x，係數便不能再用 x，另外像 a_k 用 k 作為變數，方便寫成一般項也是理由之一。『導入變數一般化』……那麼，試著不使用 $\sum$ 列出問題 9-1 中的式子吧。」

$$\sin x = a_0 + a_1 x + a_2 x^2 + \cdots + \underbrace{a_k x^k}_{\text{一般項}} + \cdots$$

「這樣就算是求出數列 $\langle a_k \rangle$ 了嗎？」

「還沒，這個只是剛才的問題 9-1 本身，將其具體寫為 $\sum$ 而已。我們可以將 $\sin x$ 的變化當作線索以求數列 $\langle a_k \rangle$，最後便可求得 $a_0, a_1, a_2, \cdots$ 的實際值。」

「能夠知道實際值？$a_0, a_1, a_2, \cdots$ 全部嗎？」

「是的，全部。三角函數 $\sin x$ 的圖形是這樣的曲線，稱為**正弦曲線**。圖中至少可以立刻找出 a_0。」我畫著圖說道。

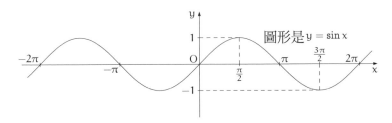

圖形是 $y = \sin x$

「蒂蒂，試著用這張圖來思考。a_0 是什麼？能夠說出具體的數值嗎？」

「哎？我也能夠想出來嗎？」

「絕對可以，現在馬上努力想想看。」

蒂蒂認真比較式子與圖形，開始尋找 a_0 的值。

$$\sin x = a_0 + a_1 x + a_2 x^2 + a_3 x^3 + \cdots$$

她的表情非常豐富，不論開心的時候、困擾的時候還是陷入思考的時候，內心的想法會直接反應在臉上。光是看著她的表情變化，我的心情也會隨之起舞。

嗯。大大的眼睛是蒂蒂的魅力所在，骨碌碌的眼珠、誇張的動作也很迷人。而且最重要的是，這些都來自她坦率直接的性格……但分析這些沒有什麼意義，蒂蒂就是——蒂蒂。

過了一會兒，她開心地抬起頭。

「學長，這很簡單。我想到了，答案是 0！$a_0 = 0$ 嘛！」

「沒錯。為什麼呢？」

「因為從這張圖可知 $\sin 0$ 的值為 0，且圖形通過 $x = 0$、$y = 0$ 兩點。換句話說，若 x 為 0，則式子 $a_0 + a_1 x + a_2 x^2 + \cdots$ 應該也等於 0，同時也等於 $\sin 0$。然後，若 x 為 0，則只會剩下 a_0。除了 a_0 以外的項都是乘 $x = 0$，所以只會剩下 a_0。因此 a_0 的值為 0！」

「正確。不過，別太激動。」

「啊……對不起，圖書室裡要輕聲細語，對吧？」

「就是這樣，因為 0！可能激動就變成 1 嘛。」

「……」

「……」

「……」

「……繼續吧。妳知道 a_0 以外的值嗎？」

蒂蒂知道自己解得正確答案 $a_0=0$ 後，繼續睜著她的大眼睛盯著數學式，隨即開始計算。

嗯，活力女孩蒂蒂在必要時的專注力真驚人，這也是她的魅力之一吧。

蒂蒂繼續挑戰問題 9-1。

而我則是看著自己的卡片 $\sum_{k=1}^{\infty} \frac{1}{k^2}$，攤開筆記本並拿起自動鉛筆。首先……從掌握具體的型態開始吧。

這裡是圖書室，我們高中生安靜地開始用功。

9.2 自我學習

在回家的路上，蒂蒂和我走在住宅區彎曲的小巷裡往車站的方向前進。我一如往常地配合著蒂蒂的步伐慢慢行走。

「$\sin x$ 的冪級數，想到什麼程度了？」

$$\sin x = a_0 + a_1 x + a_2 x^2 + a_3 x^3 + \cdots$$

「因為代入 $x=0$ 可得 $a_0=0$，所以我想代入 $x = \frac{\pi}{2}$ 或 $x = \pi$ 計算看看，畢竟我對 sin 的瞭解，只有 $\sin \frac{\pi}{2} = 1$ 或 $\sin \pi = 0$ 之類的……」

她一邊小聲說道「波形、波形、波形」，一邊伸出食指在空中畫著正弦曲線。

「原來如此。」我不禁莞爾。

「……不過，就算知道 $\sin \frac{\pi}{2} = 1$，卻不知道重要的右邊冪級數 x 代入 $\frac{\pi}{2}$ 的值，讓我好挫折。哎……」

「要給妳提示嗎？」

「啊，好的。」

「蒂蒂知道研究函數最強的武器嗎？」

「武器嗎？」蒂蒂閉上左眼，擺出瞄準射擊的動作。

「**微分**是研究函數最強的武器之一。」

「我還沒學到微分。是有聽說過，我自己也有興趣。」

「蒂蒂在這方面比較被動嗎？」

「被動？」

「在圖書館或書店都有很多相關書籍，從學習參考書到專門書籍應有盡有。在學校跟老師學習是很重要的學習契機，但如果妳說感興趣，卻從頭到尾只在學校張口等著老師餵食，就太被動了。」

「嗚……」

她似乎有點不知所措，我是不是說得太超過了呢？

「蒂蒂喜歡英文，所以會讀外文書籍吧？」

「對啊，我常常讀 paperback。」

「當遇到不知道的單字，妳會等老師來教妳嗎？」

「不，我會自己查字典，不會等到上課才學，因為我想繼續閱讀內容……啊，學長想說的就是這個嗎？」

「是的，我們因為喜歡而學習，不需等老師也不必等上課，可以自己找書閱讀，學得更深、更廣、更進一步。」

「的確，我在讀英文書籍時會不斷往後面閱讀，期待『再來要讀哪本書呢？』不僅只查單字，也會翻找類語辭典查同義字。數學也該這樣自己往後面學習，想想這也是當然的……只是總覺得因為不是上課時間，不能自己擅自學下去。」

「……話題好像偏了。剛才說到哪裡？」

「Where were we？」

「嗯……」

「學長，要不要去『BEANS』一起想？」

對於蒂蒂由下往上看著我的眼神，我沒有任何抵抗力。

9.3 「BEANS」

9.3.1 微分規則

這已經是第幾次跟蒂蒂一起來車站前的咖啡店「BEANS」了呢？不知不覺中，我們已經習慣並肩而坐。要說為什麼的話，因為面對面坐著不方便閱讀數學式。一坐到位子上，我們立刻攤開筆記本。

「後面要講的內容，若是不曉得三角函數微分和多項式微分，會稍微有點難懂。不過，遇到困難的地方，我會用『微分規則』直接告訴妳重點──」

「沒問題，我會加油的！」蒂蒂握住雙拳。

「將 $\sin x$ 如下表達為冪級數。」

$$\sin x = a_0 + a_1 x + a_2 x^2 + \cdots$$

「$\sin x$ 不能直接表達為這種形式，必須先經過證明，但現在我們先暫時接受。然後，目標是解開無窮數列 $\langle a_k \rangle = a_0, a_1, a_2, \cdots$ 會變成什麼樣的數列，也就是將函數 $\sin x$ 分解成數列 $\langle a_k \rangle$。這稱為函數的**冪級數展開**──到此為止明白嗎？」

蒂蒂認真點了點頭。

「然後，蒂蒂剛才已經用 $x = 0$ 找到 a_0 的值。因為 $\sin 0 = 0$，所以下式成立。」

$$a_0 = 0$$

蒂蒂看了之後微微點頭。很好，繼續講下去吧。

「妳還不知道微分，但現在沒有時間，就不從微分的定義開始說明，直接將微分當成是一種計算規則，想成是『用函數做函數的計算』吧——這麼設想也沒有錯。」

「『用函數做函數的計算』嗎？」

「是的。函數 $f(x)$ 微分後會得到另一個函數，新函數稱為 $f(x)$ 的**導函數**。$f(x)$ 的導函數記為 $f'(x)$，雖然還有其他寫法，但我們比較常使用 $f'(x)$。」

$$f(x) \qquad \text{函數 } f(x)$$

$$\downarrow \text{微分}$$

$$f'(x) \qquad \text{函數 } f(x) \text{ 的導函數}$$

「下面列出幾個限制微分的『微分規則』。若學過微分定義，便能夠利用微分定義確實證明這些規則，但在此跳過，先直接講下去。」

「微分規則(1)」常數微分後為 0。

$$(a)' = 0$$

「微分規則(2)」x^n 微分後為 nx^{n-1}。

$$(x^n)' = nx^{n-1} \qquad \text{（指數移動為係數）}$$

「微分規則 (3)」$\sin x$ 微分後為 $\cos x$。

$$(\sin x)' = \cos x$$

「將這些『微分規則』當作 given 的 *a priori* 嘛。」蒂蒂說道。

「哦？」當作 given 的 *a priori*？

「將『微分規則』當作是一開始就給予的條件嘛。」蒂蒂改口說。

「——嗯，沒錯。那麼，試著將下式兩邊都對 x 微分。」我在筆記本中寫下式子。

$$\sin x = a_0 + a_1 x + a_2 x^2 + a_3 x^3 + a_4 x^4 + \cdots$$
$$\downarrow$$
$$(\sin x)' = (a_0 + a_1 x + a_2 x^2 + a_3 x^3 + a_4 x^4 + \cdots)'$$

「微分的結果如下，能夠理解嗎？蒂蒂。」

$$\cos x = a_1 + 2a_2 x + 3a_3 x^2 + 4a_4 x^3 + \cdots$$

她反覆比較「微分規則」與上面的式子。

「嗯——左邊是『微分規則 (3)』，$\sin x$ 微分後為 $\cos x$；右邊則是對各項進行『微分規則 (2)』。」

「是的，雖然本來應該要先證明微分運算子的線性與可適用冪級數就是了。」

「啊，但是為什麼 a_0 消失了？」

「因為 a_0 是與 x 無關的常數，根據『微分規則 (1)』，常數微分後為 0。」

「我明白了，學長。我知道怎麼用『微分規則』列出下式了。」

$$\cos x = a_1 + 2a_2 x + 3a_3 x^2 + 4a_4 x^3 + \cdots$$

9.3.2　再微分

「那麼，觀察下面的式子，蒂蒂知道 a_1 的值嗎？從 $y = \cos x$ 的圖形應該能夠看出來。」

$$\cos x = a_1 + 2a_2 x + 3a_3 x^2 + 4a_4 x^3 \cdots$$

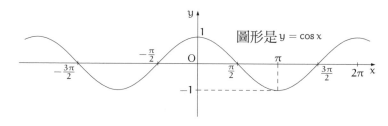

圖形是 $y = \cos x$

「哎……啊！難道說和前面一樣嗎？在 $\cos x = \cdots$ 的式子中，x 代入 0 就行了嘛。嗯——是這樣子嘛！」

$$\cos 0 = a_1 + 2a_2 \cdot 0 + 3a_3 \cdot 0^2 + 4a_4 \cdot 0^3 \cdots$$
$$= a_1$$

「然後，由圖可知 $\cos 0 = 1$ ……會變成這樣！」

$$a_1 = 1$$

「沒錯。」我點了點頭。

蒂蒂的臉上浮現出笑容。

「學長！我知道後面要怎麼做了！接著要微分 $\cos x$ 吧？」

「是的，沒錯。為此需要 $(\cos x)'$ 的計算規則，這是關於 $\cos x$ 的『微分規則』。」

「微分規則 (4)」$\cos x$ 微分後為 $-\sin x$。

$$(\cos x)' = -\sin x$$

「這樣一來，$\cos x$ 微分後……」

$$\cos x = a_1 + 2a_2 x + 3a_3 x^2 + 4a_4 x^3 + \cdots$$
$$\downarrow$$
$$(\cos x)' = (a_1 + 2a_2 x + 3a_3 x^2 + 4a_4 x^3 + \cdots)'$$

「會變成這樣嘛！」蒂蒂抬起了頭，臉上泛起紅潮。

$$-\sin x = 2a_2 + 6a_3 x + 12a_4 x^2 + \cdots$$

「嗯，沒錯。我們要求的係數是？」我問道。

「是 a_2。和前面一樣代入 $x=0$。」蒂蒂迅速在筆記本上書寫。

$-\sin x = 2a_2 + 6a_3 x + 12a_4 x^2 + \cdots$ **上面得到的式子**

$-\sin 0 = 2a_2$ **代入** $x=0$

$a_2 = 0$ **用** $\sin 0 = 0$ **整理式子**

「這樣就求出 $a_2 = 0$ 了。看來我用了最強的武器後一切順利呢，狀況愈來愈好了——那麼，下一個『微分規則』是什麼？」

「已經不需要其他微分規則了。」

「可是，還要微分 $-\sin x$……啊，這可由 $\sin x$ 的微分得到。」

「沒錯，剩下的會不斷反覆循環。」

「循環？」

「$\sin x$ 微分後為 $\cos x$、$\cos x$ 微分後為……形成如下『以四次為週期的循環』，這就是三角函數的微分特徵。」我說道。

三角函數的微分

$$\sin x \xrightarrow{\text{微分}} \cos x$$

$$\uparrow_{\text{微分}} \qquad\qquad \downarrow_{\text{微分}}$$

$$-\cos x \xleftarrow[\text{微分}]{} -\sin x$$

「好的。那麼，下一個來求 a_3。」

$-\sin x = 2a_2 + 6a_3 x + 12a_4 x^2 + \cdots$	**上面得到的式子**
$(-\sin x)' = (2a_2 + 6a_3 x + 12a_4 x^2 + \cdots)'$	**將兩邊微分**
$-\cos x = 6a_3 + 24a_4 x + \cdots$	**根據「微分規則」**
$-\cos 0 = 6a_3$	**代入 $x=0$**
$a_3 = -\dfrac{1}{6}$	**用 $\cos 0 = 1$ 整理式子**

「……嗯，求出 $a_3 = -\frac{1}{6}$ 了。再下一個是 a_4……」

「等一下。這樣一個個求下去是可以，但不妨先統整一次來探討，沒問題吧？」

「哎？……嗯！沒問題哦！」

9.3.3 sin x 的泰勒展開式

我們喝著已經冷掉的咖啡，將筆記本翻到新的一頁。我口頭上給予提示，蒂蒂則在筆記本上寫下數學式。

「現在，我們準備列出 $\sin x$ 的冪級數展開。剛才已經求出係數中的 a_0、a_1、a_2、a_3 等四個數，接下來試著統整所求出的係數，再寫一次 $\sin x$ 的冪級數展開吧。」我說道。

「好的，是這個嘛。」

$$\sin x = a_0 + a_1 x + a_2 x^2 + a_3 x^3 + a_4 x^4 + a_5 x^5 + \cdots$$

「嗯，沒錯。對了，將 x 寫成 x^1 吧。」

$$\sin x = a_0 + a_1 x^1 + a_2 x^2 + a_3 x^3 + a_4 x^4 + a_5 x^5 + \cdots$$

「多次微分左右兩邊。此時的關鍵是不算出係數，而是要保留乘積形式。」

「哎？學長……不算出嗎？」

「是的，不計算。保留乘積比較容易發現『規則性』，就來試看看吧，要特別注意常數項喔。」

「好的！」

$$\sin x = \underline{a_0} + a_1 x^1 + a_2 x^2 + a_3 x^3 + a_4 x^4 + a_5 x^5 + \cdots$$

↓微分

$$\cos x = \underline{1 \cdot a_1} + 2 \cdot a_2 x^1 + 3 \cdot a_3 x^2 + 4 \cdot a_4 x^3 + 5 \cdot a_5 x^4 + \cdots$$

↓微分

$$-\sin x = \underline{2 \cdot 1 \cdot a_2} + 3 \cdot 2 \cdot a_3 x^1 + 4 \cdot 3 \cdot a_4 x^2 + 5 \cdot 4 \cdot a_5 x^3 + \cdots$$

↓微分

$$-\cos x = \underline{3 \cdot 2 \cdot 1 \cdot a_3} + 4 \cdot 3 \cdot 2 \cdot a_4 x^1 + 5 \cdot 4 \cdot 3 \cdot a_5 x^2 + \cdots$$

↓微分

$$\sin x = \underline{4 \cdot 3 \cdot 2 \cdot 1 \cdot a_4} + 5 \cdot 4 \cdot 3 \cdot 2 \cdot a_5 x^1 + \cdots$$

↓微分

$$\cos x = \underline{5 \cdot 4 \cdot 3 \cdot 2 \cdot 1 \cdot a_5} + \cdots$$

↓微分

⋮

「學長！我找到『規則性』了，會出現 $5 \cdot 4 \cdot 3 \cdot 2 \cdot 1$ 有規律的乘積……原來如此，『微分規則(2)』的『指數移動到係數』發揮效果，清楚顯現了乘數的規則變化。」

「沒錯。自己動手寫出數學式，就能清楚體會這種感覺。不能光用看的，動手寫是很重要的，蒂蒂。」

「真的呢。」

「接著將式中出現的導函數，代入 $x = 0$，觀察式子會變成怎麼樣吧。」

「好的。這就像是小時候的牽牛花觀察日記嘛──嗯，因為 $\sin 0 = 0$、$\cos 0 = 1$……」

$$0 = a_0$$
$$+1 = 1 \cdot a_1$$
$$0 = 2 \cdot 1 \cdot a_2$$
$$-1 = 3 \cdot 2 \cdot 1 \cdot a_3$$
$$0 = 4 \cdot 3 \cdot 2 \cdot 1 \cdot a_4$$
$$+1 = 5 \cdot 4 \cdot 3 \cdot 2 \cdot 1 \cdot a_5$$
$$\vdots$$

「可以看見『規則性』……」

「是的。將左邊的 1 改寫為 +1 比較好。現在想求的是數列 $\langle a_k \rangle$，所以要將上式的各個 a_k 整理到左邊，將階乘 $5 \cdot 4 \cdot 3 \cdot 2 \cdot 1$ 寫成 5!，這樣就完成了冪級數展開。我們具體寫出下式的 a_k 吧。」

$$\sin x = a_0 + a_1 x^1 + a_2 x^2 + a_3 x^3 + \cdots$$

「好的！不用理會 0，所以是 a_1、a_3、a_5、……嗯，完成了！」

「好，蒂蒂寫的冪級數展開，稱為 $\sin x$ 的**泰勒展開式**喔。」

$\sin x$ 的泰勒展開式

$$\sin x = +\frac{x^1}{1!} - \frac{x^3}{3!} + \frac{x^5}{5!} - \frac{x^7}{7!} + \cdots$$

「差點就說成蒂蒂展開式了。」

「……」

「……」

「……」

「……不、不過，這好像很難記，看起來挺複雜的。」

「確實很複雜，但仔細觀察一下。式子裡殘留了許多推導的痕跡，比如分母出現 1!、3!、5!等階乘，就是多次微分後指數移動到係數的結果。正負號交替出現、沒有 x 的偶次方項，是因為反覆 0、+1、0、-1 的緣故。像這樣自己動手推導，會更不容易忘記喔。」

「啊哈……原來如此。或許沒有想像中的難。」

「若故意不寫成階乘與乘冪，還會形成具有節奏的數學式，很有意思。」

$$\sin x = +\frac{x}{1} - \frac{x \cdot x \cdot x}{1 \cdot 2 \cdot 3} + \frac{x \cdot x \cdot x \cdot x \cdot x}{1 \cdot 2 \cdot 3 \cdot 4 \cdot 5} - \frac{x \cdot x \cdot x \cdot x \cdot x \cdot x \cdot x}{1 \cdot 2 \cdot 3 \cdot 4 \cdot 5 \cdot 6 \cdot 7} + \cdots$$

「咦……感覺好漂亮。可以這樣寫嗎？」

「當然沒問題。為了幫助理解、享受樂趣，可以嘗試各種寫法喔。聽說，歐拉也曾經在書裡將 x^2 寫成 xx，但考試時寫成 $x \cdot x$ 就不太好。那麼，這樣就解開了卡片上的問題 9-1。」

「哎？啊，好的。我完全忘記卡片的事情了……是這個嗎？」

問題 9-1

假設函數 $\sin x$ 能夠如下展開為冪級數，試求此時的數列 $\langle a_k \rangle$。

$$\sin x = \sum_{k=0}^{\infty} a_k x^k$$

「數列 $\langle a_k \rangle$ 可以根據 k 除以 4 的餘數進行分類。」我說道。

解答 9-1

$$a_k = \begin{cases} 0 & \text{除以 4 餘 0 的情況} \\ +\dfrac{1}{k!} & \text{除以 4 餘 1 的情況} \\ 0 & \text{除以 4 餘 2 的情況} \\ -\dfrac{1}{k!} & \text{除以 4 餘 3 的情況} \end{cases}$$

9.3.4 函數的極限

「話說回來，我們再進一步深入探討 $\sin x$ 泰勒展開式的意義吧。試著再寫一次 $\sin x$ 的泰勒展開式。」

「那個——能夠寫具有節奏的泰勒展開式嗎？總覺得好想寫寫看。」

$$\sin x = +\frac{x}{1} - \frac{x \cdot x \cdot x}{1 \cdot 2 \cdot 3} + \frac{x \cdot x \cdot x \cdot x \cdot x}{1 \cdot 2 \cdot 3 \cdot 4 \cdot 5} - \frac{x \cdot x \cdot x \cdot x \cdot x \cdot x \cdot x}{1 \cdot 2 \cdot 3 \cdot 4 \cdot 5 \cdot 6 \cdot 7} + \cdots$$

「吶，蒂蒂，這個式子是無窮級數，也就是由無限多項所形成的總和。試著從無窮級數中只取出有限多項來討論部分和。假設取到 x^k 項的部分和為 $s_k(x)$，當然 $s_k(x)$ 也是 x 的函數。」

$$s_1(x) = +\frac{x}{1}$$

$$s_3(x) = +\frac{x}{1} - \frac{x \cdot x \cdot x}{1 \cdot 2 \cdot 3}$$

$$s_5(x) = +\frac{x}{1} - \frac{x \cdot x \cdot x}{1 \cdot 2 \cdot 3} + \frac{x \cdot x \cdot x \cdot x \cdot x}{1 \cdot 2 \cdot 3 \cdot 4 \cdot 5}$$

$$s_7(x) = +\frac{x}{1} - \frac{x \cdot x \cdot x}{1 \cdot 2 \cdot 3} + \frac{x \cdot x \cdot x \cdot x \cdot x}{1 \cdot 2 \cdot 3 \cdot 4 \cdot 5} - \frac{x \cdot x \cdot x \cdot x \cdot x \cdot x \cdot x}{1 \cdot 2 \cdot 3 \cdot 4 \cdot 5 \cdot 6 \cdot 7}$$

我從書包裡拿出作圖紙。

　　「試著畫出函數 $s_1(x)$、$s_3(x)$、$s_5(x)$、$s_7(x)$、……等圖形，也就是將 $y=s_k(x)$ 代入 $k=1,3,5,7,\cdots$ 來畫圖。如此一來，便能夠清楚看見函數圖形逐漸接近 $\sin x$。」

　　我畫出圖形。

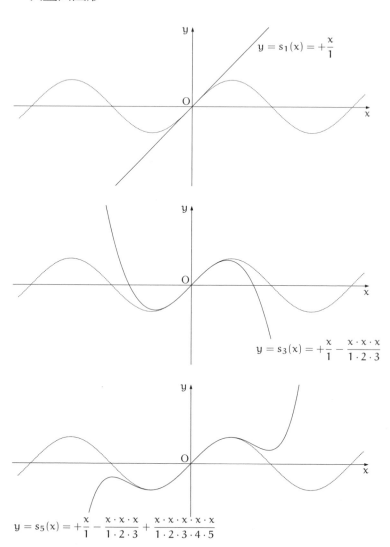

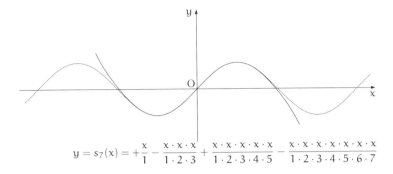

$$y = s_7(x) = +\frac{x}{1} - \frac{x \cdot x \cdot x}{1 \cdot 2 \cdot 3} + \frac{x \cdot x \cdot x \cdot x \cdot x}{1 \cdot 2 \cdot 3 \cdot 4 \cdot 5} - \frac{x \cdot x \cdot x \cdot x \cdot x \cdot x \cdot x}{1 \cdot 2 \cdot 3 \cdot 4 \cdot 5 \cdot 6 \cdot 7}$$

「喔……原來如此。學長，我之前不懂將 $\sin x$ 表達為冪級數的意義，雖然我知道用『微分規則』可導出這樣的式子，但心裡總會覺得『那又怎麼樣？』不過，看到這張圖後，就明白 k 變大後 $s_k(x)$ 會逐漸接近 $\sin x$，那慢慢貼近正弦函數的樣子，真可愛。」

「是啊。」

「那、那個……學長。雖然我的表達可能不太清楚，但 $\sin x$ 只是個名稱吧，是將某個函數寫成 $\sin x$，泰勒展開式也只是將函數表示為冪級數的形式。雖然『$\sin x$』和『冪級數』的數學式看起來差很多，但函數的性質相同，所以變成冪級數的形式會很方便。嗚……對不起，表達得不清楚。」

「不，不會。蒂蒂，妳真的很厲害，能夠清楚瞭解本質。沒錯，在探討函數時，若函數能夠進行泰勒展開，就可以衍伸為容易處理的多項式。比如，像剛才的 $s_k(x)$ 一樣討論相似的圖形變化會非常有幫助。處理無窮次方時需要小心注意，但改為冪級數的形式則會非常方便。話說回來，求解費氏數列和卡塔蘭數時，生成函數也是冪級數的形式。」

「……總覺得我在學校上課聽講時，總是注意瑣碎的地方，沒有通盤瞭解整體的概念，對為什麼要這麼做完全是一片

混亂。不過學長的講解卻正好相反，會巧妙略過瑣碎、後面可以自己處理的部分，能夠清楚瞭解為什麼要這麼做的大方向。」

「嗯——不是的，是因為蒂蒂的理解能力……」

「就是這樣！」

蒂蒂打斷了我要說的話。

「就是這樣，學長。比如，我原本完全不懂微分，是第一次聽到冪級數和泰勒展開式等名詞，但我現在懂了。用了泰勒展開式，就能像計算普通的多項式一樣探討函數。雖然要我一個人做也做不來……但將困難的函數轉為無窮次多項式——冪級數—— x^k 的無限相加——的方法我已經掌握了。」

蒂蒂在胸前緊緊握拳。

「我想我不會忘掉今天學長教我的泰勒展開式的。我今天已經確實掌握了想要探討函數時就『試著泰勒展開看看』的想法，這都是學長的功勞——」

她突然從我的臉上移開目光，轉向桌上攤開的作圖紙，臉上不知為何染上一抹嫣紅。

「所以、所以……雖然很抱歉浪費學長的寶貴時間，但我很喜歡聽學長說話，非常地喜歡。學長，我——」

蒂蒂抬起頭，看著我毅然決然地說：

「——我一輩子都不會忘記學長教我的泰勒展開式！」

9.4　自家

晚上。

我在房間看著村木老師給我的卡片。設定的問題如下：

問題 9-2

下述無窮級數若收斂則求其值，否則證明之。

$$\sum_{k=1}^{\infty} \frac{1}{k^2}$$

首先，具體寫出 $\sum$，掌握式子的變化。

$$\sum_{k=1}^{\infty} \frac{1}{k^2} = \frac{1}{1^2} + \frac{1}{2^2} + \frac{1}{3^2} + \frac{1}{4^2} + \frac{1}{5^2} + \cdots$$

雖然具體寫了一些出來，但似乎沒辦法輕易找到線索。試著計算數值看看，不是計算無窮級數 $\sum_{k=1}^{\infty} \frac{1}{k^2}$，而是代入具體的 n，計算部分和 $\sum_{k=1}^{n} \frac{1}{k^2}$。由於白天都在注意蒂蒂的卡片，只有稍微計算一下而已。現在便來深入計算看看吧。

$$\sum_{k=1}^{1} \frac{1}{k^2} = \frac{1}{1^2} \qquad\qquad = 1$$

$$\sum_{k=1}^{2} \frac{1}{k^2} = 1 + \frac{1}{2^2} \qquad\qquad = 1.25$$

$$\sum_{k=1}^{3} \frac{1}{k^2} = 1.25 + \frac{1}{3^2} \qquad = 1.3611\cdots$$

$$\sum_{k=1}^{4} \frac{1}{k^2} = 1.3611\cdots + \frac{1}{4^2} \qquad = 1.423611\cdots$$

$$\sum_{k=1}^{5} \frac{1}{k^2} = 1.423611\cdots + \frac{1}{5^2} = 1.463611\cdots$$

$$\sum_{k=1}^{6} \frac{1}{k^2} = 1.463611\cdots + \frac{1}{6^2} = 1.491388\cdots$$

$$\sum_{k=1}^{7} \frac{1}{k^2} = 1.491388\cdots + \frac{1}{7^2} = 1.511797\cdots$$

$$\sum_{k=1}^{8} \frac{1}{k^2} = 1.511797\cdots + \frac{1}{8^2} = 1.527422\cdots$$

$$\sum_{k=1}^{9} \frac{1}{k^2} = 1.527422\cdots + \frac{1}{9^2} = 1.539767\cdots$$

$$\sum_{k=1}^{10} \frac{1}{k^2} = 1.539767\cdots + \frac{1}{10^2} = 1.549767\cdots$$

嗯……還是一頭霧水。試著畫圖看看吧。

「咦？」

我打開書包卻沒找到作圖紙，是忘在學校了嗎？

算了，這個式子的部分和看起來不會急遽增加，但也不能說會收斂，有可能跟前幾天計算的調和級數一樣，是緩緩發散的級數。

話說回來，這個式子跟調和級數還真像。

$$\sum_{k=1}^{\infty} \frac{1}{k^2} \qquad \text{這次的問題 9-2}$$

$$\sum_{k=1}^{\infty} \frac{1}{k} \qquad \text{調和級數}$$

不同之處只有 k 的指數。這次的問題 9-2 是 $\frac{1}{k^2}$ 的和,所以 k 的指數是 2;而調和級數是 $\frac{1}{k^1}$ 的和,所以 k 的指數是 1。

指數、指數,話說回來,米爾迦教過我 ζ 函數,我便在筆記本中再寫了一次 ζ 函數的定義式。

$$\zeta(s) = \sum_{k=1}^{\infty} \frac{1}{k^s} \qquad (\zeta \text{函數的定義式})$$

使用這個定義後,調和級數就能表達成 $\zeta(1)$。

$$\zeta(1) = \sum_{k=1}^{\infty} \frac{1}{k^1} \qquad (\text{將調和級數表達為} \zeta \text{數})$$

問題 9-2 也可寫成 ζ 函數的形式。由於指數是 2,所以是 $\zeta(2)$。

$$\zeta(2) = \sum_{k=1}^{\infty} \frac{1}{k^2} \qquad (\text{將問題 9-2 表達為} \zeta \text{函數})$$

名字、名字,不過——就算像這樣命名,仍無法打開視野。

9.5　代數基本定理

「你知道『代數基本定理』吧?」
早上一走進教室,米爾迦便突然指著我說道。

　　米爾迦是我的同班同學,她非常擅長數學,早已超越學校的教學進度。她會讀自己喜歡的書,找出問題並予以解答。雖然我並非不擅長數學,但完全贏不了米爾迦。不過我沒有因此感到自卑,而是希望自己能夠看見她眼中的世界。

　　數學創造的美好、偉大與深奧,我已經能夠一點一滴體會到了。站在書店數理書櫃前面,我會想著:「啊啊,這裡擺的書我大部分都還無法理解。」同時也會想起她的事情,想到她的知識多麼淵博。

　　於是,我開始不瞭解自己究竟是在想數學的事呢?還是在想自己的事?或者在想她的事?……我為自己的渺小感到鬱悶,感覺她無論做任何事情都能夠聰明完成。相較之下,我只是每天列出數學式而已,好像已經落後她好幾百步的距離。

　　不,想這些也無濟於事,像蒂蒂一樣想著「我會加油的!」努力振作吧。

　　「米爾迦,代數基本定理是『n 次方程式具有 n 個解』嗎?」

　　「大致上沒錯。『複數係數的 n 次方程式具有 n 個複數解。其中,重根需要計算多重度(multiplicity)』。」

　　「好長啊。」

　　「這是高斯老師的發現,但令人驚訝的是他當時才 22 歲,而且是以學位論文證明。不愧是偉大的數學家,竟然以學位論文來證明這種基本定理。」

　　看來米爾迦進入饒舌講課模式了。在我來之前,她似乎是和都宮在聊天,我一走進教室,都宮就迅速回到自己的座位,彷彿在說:「饒舌才女就交給你了。」

　　米爾迦把我拉到黑板前開始「講課」。

　　「其實,真正的『代數基本定理』只要描述,『任意複數

係數的 n 次方程式,至少具有 1 個解』即可。畢竟只要至少具有 1 個解 a,就能以因式 $x-a$ 除盡 n 次多項式。接著,我們要證明 n 次方程式 $a_nx^n+a_{n-1}x^{n-1}+\cdots+a_1x^1+a_0=0$ 至少具有一個解,先討論函數 $f(x)=a_nx^n+a_{n-1}x^{n-1}+\cdots+a_1x^1+a_0$,再探討函數的絕對值 $|f(x)|$ 能夠多小,若最小值為 0 則表示有解。在開始證明之前,先來複習複數,沒問題吧?」

米爾迦以非常快的速度寫著板書,讓我見識高斯的證明。我邊聽她「講課」,邊意識到自己對複數的理解還不夠。雖然大致聽得懂,但還是得自己動手展開數學式才行,必須親自動手證明,直到能夠不看證明也寫得出來為止。但能夠像米爾迦一樣在指導同時進行說明,又是另一個層次。

我如此思考著,同時閱讀米爾迦指尖寫出的數學式。「講課」解說代數基本定理與因式定理完畢後,繼續因式分解代入解的 n 次多項式。

「……具體寫出來吧。假設 n 次方程式為 $a_nx^n+a_{n-1}x^{n-1}+\cdots+a_1x^1+a_0=0$,且 n 個解為 $\alpha_1, \alpha_2, \cdots, \alpha_n$,則左式的 n 次多項式可這樣因式分解。」米爾迦邊說邊寫板書。

$$a_nx^n+a_{n-1}x^{n-1}+\cdots+a_1x^1+a_0=a_n(x-\alpha_1)(x-\alpha_2)\cdots(x-\alpha_n)$$

「換句話說,找出方程式的解跟因式分解直接相關。雖然這個式子右邊的開頭為 a_n,但想成是最高次 x^n 的係數比較容易理解。也可以一開始左右兩邊先同除以 a_n,將 n 次方的係數變成 1。因為 n 次多項式的 $a_n \neq 0$,除以 a_n 沒有問題。」

此時,教室的門口有人在叫我。

「喔,傳聞中的妹系角色——慌張女孩登場!」
對有低年級學生來訪而感到有趣的同班同學,強硬地將蒂

蒂拉進教室，蒂蒂紅著臉將作圖紙遞給我。

「學長……對不起，到教室打擾你，我只是來還這個。」

然後，她有點鬧彆扭的說：「學長……我有那麼慌慌張張嗎？……我有點受到打擊。還有『妹系角色』是什麼啊？那從今以後我就叫你哥哥了哦。」

「啊……不……」

「妳要是叫他哥哥，他可能會很高興哦。」米爾迦繼續對著黑板寫著數學式，頭也不回地說道。

這兩個人什麼時候這麼有默契了？步調竟然如此一致，真奇怪。

「哇……黑板上這麼多的數學式是？全都是米爾迦學姐寫的嗎？」

「對了，蒂蒂知道『代數基本定理』吧？」

……看來我們班的饒舌才女這次找上蒂蒂「講課」了。

米爾迦以超快的速度，向蒂蒂說明「代數基本定理」「因式定理」以及「n次方程式中解與係數的關係」。

「……假設二次方程式 $ax^2+bx+c=0$ 的解為 α、β，則 $ax^2+bx+c=a(x-\alpha)(x-\beta)$ 成立。找出方程式的解跟因式分解直接相關，解與係數的關係如下。」米爾迦解說道。

$$-\frac{b}{a} = \alpha + \beta$$

$$+\frac{c}{a} = \alpha\beta$$

「同理，假設三次方程式 $ax^3+bx^2+cx+d=0$ 的解為 α、β、γ，則……」

$$-\frac{b}{a} = \alpha + \beta + \gamma$$

$$+\frac{c}{a} = \alpha\beta + \beta\gamma + \gamma\alpha$$

$$-\frac{d}{a} = \alpha\beta\gamma$$

「進行一般化，假設 n 次方程式 $a_n x^n + a_{n-1} x^{n-1} + \cdots + a_1 x + a_0 = 0$ 的解為 a_1、a_2、……、a_n，則……」

$$-\frac{a_{n-1}}{a_n} = \alpha_1 + \alpha_2 + \cdots + \alpha_n$$

$$+\frac{a_{n-2}}{a_n} = \alpha_1\alpha_2 + \alpha_1\alpha_3 + \cdots + \alpha_{n-1}\alpha_n$$

$$-\frac{a_{n-3}}{a_n} = \alpha_1\alpha_2\alpha_3 + \alpha_1\alpha_2\alpha_4 + \cdots + \alpha_{n-2}\alpha_{n-1}\alpha_n$$

$$\vdots$$

$$(-1)^k \frac{a_{n-k}}{a_n} = (\text{從 } a_1 \text{、} a_2 \text{、……、} a_n \text{中選 } k \text{ 個相乘的項，全部相加})$$

$$\vdots$$

$$(-1)^n \frac{a_0}{a_n} = \alpha_1\alpha_2 \ldots \alpha_n$$

「好的，這就是『n 次方程式中解與係數的關係』嘛。」

此時，鐘聲響起，就連活力少女也不禁說：「感覺數學式好像要從腦袋裡面滿出來似的……」隨後搖搖晃晃地走回一年級的教室。

「真是可愛的女孩呢，哥哥。」

米爾迦邊說邊撥了撥瀏海，並用中指推了一下眼鏡，再用手指將長髮滑到耳後，露出整個耳朵。她的手和手指在空間中畫出優美的曲線，我的目光不禁緊緊追隨著她所描繪的曲線。

　　說到曲線，我也喜歡她臉頰到下巴的線條，還有她的嘴唇與發出的聲音，真想要一直、一直聽下去。若比喻成樂器，那層次豐富的聲音就像……

　　「ζ。」聲音的主人說道。

　　「咦？」

　　「接續上回分解，村木老師給的問題是 zeta。」米爾迦拿出卡片給我看。

（米爾迦的卡片）

$$\zeta(2)$$

　　果然。

　　因為前幾天的調和數（Harmonic number），米爾迦拿到 ζ 的卡片，所以我就猜想應該是 $\zeta(2)$。村木老師會將同一個問題展示為兩種形式……嗯？但是，蒂蒂是不一樣的卡片。

　　「已經解開了嗎？米爾迦。」

　　「該說是解開嗎……？我本來就記得巴塞爾問題的答案，拿到卡片的當下就回答老師了。」

　　「巴塞爾問題？妳……記得答案？」

　　「是啊，**巴塞爾問題**（Basel problem）就是求 $\zeta(2)$ 的問題——我說出答案後，老師苦笑說：『我不是希望得到答案。若是妳已經知道答案，就試著從式子中找出有趣的問題。』」米爾迦聳了聳肩。

　　「啊哈……這個問題這麼有名嗎？」

　　「巴塞爾問題難倒了 18 世紀初的數學家們，是當時的超級

難題。在歐拉老師登場以前，沒有任何人能夠找到正確解答。歐拉老師因解開巴塞爾問題而一舉成名。」

「等一下，我們有能力解開這麼難的問題嗎？」

「有。」

米爾迦認真地說下去。

「雖然在 18 世紀初很困難，但我們手中已經握有許多武器，還是每天都在打磨的武器。」

「不過，米爾迦妳記得答案吧？」

「那只是靠記憶力而已。難得從老師那裡拿到卡片，我正在想別的問題：將 x 換成 z，擴張到複數的範圍。」

「嘿……話說回來，巴塞爾問題——對吧。這個 $\zeta(2)$ 發散嗎？」

「你想知道嗎？」米爾迦吃驚地看著我，她的眼鏡在一瞬間發出光芒。

「不、不是的，剛才是我失言。我才思考到一半，先不要洩漏答案。」我慌忙答道。

我在卡片的最後寫下「巴塞爾問題」。

問題 9-2

下述無窮級數若收斂則求其值，否則證明之。

$$\sum_{k=1}^{\infty} \frac{1}{k^2}$$

（巴塞爾問題）

9.6 圖書室

9.6.1 蒂蒂的嘗試

「學長，大發現、大發現！」

一如往常的圖書室、一如往常的放學後，我正想開始今天的計算時，活力少女蒂蒂慌慌張張地跑了過來。

「怎麼了？蒂蒂。」

最近有好幾天都一直陪著蒂蒂，才想說差不多也該自己算一下而已，看來也不用想了。

「那個啊。昨天不是學了泰勒展開 $\sin x$ 嗎？我想著想著就注意到一件事，隨著 x 的變化，$\sin x$ 會有好幾次變成 0。比如這個。」

蒂蒂說著便拿出自己的筆記本，攤開給我看。

$$\sin \pi = 0, \quad \sin 2\pi = 0, \quad \sin 3\pi = 0, \quad \ldots, \quad \sin n\pi = 0, \quad \ldots$$

「像這樣 $n = 1, 2, 3, \cdots$ 時，$\sin n\pi = 0$。」

「是啊。」我回答得有點不耐煩。這不是理所當然的嗎？而且——

「喂，蒂蒂，妳忘了考慮 n 小於等於 0 的情況，必須這樣寫才能夠確實一般化。」

$$\sin n\pi = 0 \qquad n = 0, \pm 1, \pm 2, \ldots$$

「哎呀，對、對哦。的確，還有負數。」

「然後，還有 0。畫出圖形討論與 x 軸的交點，不是一下子就能看出來嗎？」

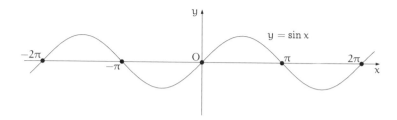

「……我好像自己高興過頭了。對不起，在學長忙碌的時候打擾你……」

我嚴厲的口吻讓蒂蒂瞬間變得沮喪。她不只在高興的時候，沮喪的時候也表現得很直接。我不好意思地說下去：

「關於昨天的問題，妳有想到什麼呢？」

「啊，有。不，但不是什麼大不了的事情……」蒂蒂偷瞄我的臉色說道。

然後──

我──

為蒂蒂的下一句話感到十分震驚。

「我試著因式分解了 sin x。」

啊？

什麼？

「『因式分解』了 sin x？這是什麼意思？」

「嗯……就是找到許多滿足 sin x = 0 的 x。所以，這些 x──

$$\sin x = 0$$

──是這個方程式的解嘛！」

不等我回應，蒂蒂繼續說了下去。

「今天，米爾迦學姐不是說了嗎？『找出方程式的解，與因式分解直接相關』。」

確實是這樣沒錯……但「因式分解」$\sin x$？我暗忖蒂蒂話裡的意思。

蒂蒂面對沉默的我接著說：

「就像剛剛學長說的一樣，假設解為 $x = 0, \pm\pi, \pm2\pi, \pm3\pi, \cdots$，則

$$\sin x = x(x+\pi)(x-\pi)(x+2\pi)(x-2\pi)(x+3\pi)(x-3\pi)\cdots \quad (?)$$

能夠這樣因式分解。」

我還是一頭霧水。咦？這樣可以嗎……？代入 $x = n\pi$ 的確會變成 0——

「不，蒂蒂。這樣很奇怪。$\sin x$ 有一個著名的極限式子。」

$$\lim_{x \to 0} \frac{\sin x}{x} = 1$$

「換句話說，$x \to 0$ 時，$\frac{\sin x}{x} \to 1$ 才對。x 非常接近 0 時，$\frac{\sin x}{x}$ 會非常接近 1。但是，在蒂蒂的式子中，假設 $x \neq 0$ 並兩邊同除 x 會變成這樣。」

$$\frac{\sin x}{x} = (x+\pi)(x-\pi)(x+2\pi)(x-2\pi)(x+3\pi)(x-3\pi)\cdots \quad (?)$$

「$x \to 0$ 時，式子左邊的極限值為 1，但右邊的極限值我不認為是 1，明顯哪裡出了問題。」

9.6.2　最後會到哪裡？

「蒂蒂也在思考巴塞爾問題嗎？」

「哇！」

「啊！」

正後方傳來的聲音嚇了我們一跳，我們完全沒有注意到米爾迦就站在後面。

慌張的蒂蒂把筆記本和鉛筆盒都摔下了桌子，自動鉛筆、橡皮擦和螢光筆的掉落聲陸續響起。

「不是的，米爾迦。蒂蒂想的不是巴塞爾問題，而是類似 $\sin x$ 的『因式分解』。」

「學長，那個——巴塞爾問題是什麼？」蒂蒂邊撿自動鉛筆邊問道。

我讓蒂蒂看卡片，說明巴塞爾問題是求正整數平方的倒數和。我的卡片是求 $\sum_{k=1}^{\infty} \frac{1}{k^2}$ 的值，而米爾迦的卡片是求 $\zeta(2)$ 的值。當然，求值是在「收斂」的情況下。

蒂蒂聽了我的解說後一臉訝異。這也是當然的，畢竟聽到了自己完全沒有思考過的問題。

在我解說的期間，米爾迦撿起桌下蒂蒂的筆記本並開始翻閱。

「嗯哼……」

「啊，那個……」雖然蒂蒂想要拿回筆記本，卻被米爾迦的眼神壓制，只好縮回手來。

「你——」米爾迦的視線不曾離開筆記本，對我說道：「——你教蒂蒂 $\sin x$ 的泰勒展開式了嗎？……嗯哼，原來如此，這也是村木老師的作戰啊……不過，這邊寫著『一輩子都不會忘記！』是？」

「對、對不起！」蒂蒂迅速搶回筆記本。

「嗯哼。」米爾迦倏地閉上眼睛，像是指揮家一樣揮動手指。當她做出這樣的動作，周遭的人都會一時失語，安靜地注

視她。米爾迦思索事情的姿態，有一股吸引人的魔力。

米爾迦睜開眼睛。

「從 $\sin x$ 的泰勒展開式開始吧！」

她說完便拿走我的自動鉛筆和筆記本，寫下數學式。

$$\sin x = +\frac{x}{1!} - \frac{x^3}{3!} + \frac{x^5}{5!} - \frac{x^7}{7!} + \cdots \qquad \sin x \textbf{ 的泰勒展開式}$$

「假設 $x \neq 0$，兩邊同除 x 可得到下式。需要注意的是，要將 $\frac{\sin x}{x}$ 表示為『相加』的形式。」

$$\frac{\sin x}{x} = 1 - \frac{x^2}{3!} + \frac{x^4}{5!} - \frac{x^6}{7!} + \cdots \qquad \textbf{假設} x \neq 0 \textbf{，兩邊同除} x$$

「而蒂蒂思考了下面的方程式。」

$$\sin x = 0$$

「這個方程式的解，假設——可如下表示。」米爾迦繼續說道。

$$x = n\pi \qquad (n = 0, \pm 1, \pm 2, \pm 3, \ldots)$$

「蒂蒂想要用這些解，對 $\sin x$ 做『因式分解』嗎？」

對於米爾迦突然提高語尾聲調的獨特問法，蒂蒂點了點頭。她仍然將剛從米爾迦手中搶奪回來的筆記本抱在胸前——那本寫著「一輩子都不會忘記！」的筆記本，蒂蒂緊緊抱著泰勒展開式。

「但是，過程並不順利。學長說 $x \to 0$ 時，$\frac{\sin x}{x}$ 的極限會是 1，但我的因式分解卻不是——」蒂蒂說到一半。

「那麼——」米爾迦臉上露出不懷好意的表情說道：「——那麼，將 $\sin x$ 這樣『因式分解』如何呢？」

$$\sin x = x \left(1 + \frac{x}{\pi}\right)\left(1 - \frac{x}{\pi}\right)\left(1 + \frac{x}{2\pi}\right)\left(1 - \frac{x}{2\pi}\right)\left(1 + \frac{x}{3\pi}\right)\left(1 - \frac{x}{3\pi}\right)\cdots$$

我和蒂蒂互相對視，觀看米爾迦寫的因式分解式子。蒂蒂迅速攤開抱在胸前的筆記本，開始計算。

「嗯……確實會成立。$x = 0$ 時，全部會變成 0，而且 $x = n\pi$ 時，因為某處存在因式 $\left(1 - \frac{x}{n\pi}\right)$ —— 全部會變成 0。因此，$x = 0, \pm\pi, \pm2\pi, \cdots$ 時，會是 $\sin x = 0$。」

我接著說道：

「而且，如下表達成 $\frac{\sin x}{x}$ 後，$x \to 0$ 時會是 $\frac{\sin x}{x} \to 1$。」

我在蒂蒂的筆記本中寫下：

$$\frac{\sin x}{x} = \left(1 + \frac{x}{\pi}\right)\left(1 - \frac{x}{\pi}\right)\left(1 + \frac{x}{2\pi}\right)\left(1 - \frac{x}{2\pi}\right)\left(1 + \frac{x}{3\pi}\right)\left(1 - \frac{x}{3\pi}\right)\cdots$$

「蒂蒂。」米爾迦溫柔卻充滿力量地說道。

「蒂蒂，妳將他剛才寫的 $\frac{\sin x}{x}$ 右邊數學式再簡化看看。」

蒂蒂說著「嗯……」便開始思考。

「簡化……啊，真的可以。『兩數和與差的乘積等於兩數平方差』，所以 $\left(1 + \frac{x}{\pi}\right)\left(1 - \frac{x}{\pi}\right) = 1^2 - \frac{x^2}{\pi^2}$ ……」蒂蒂瞄了我一眼，寫下：

$$\frac{\sin x}{x} = \left(1 - \frac{x^2}{\pi^2}\right)\left(1 - \frac{x^2}{2^2\pi^2}\right)\left(1 - \frac{x^2}{3^2\pi^2}\right)\cdots$$

接著會怎麼發展呢？我如此想著。對於米爾迦宛若已經通曉一切的語調，總是令我靜不下心來。米爾迦瞭解到什麼程度了呢？為什麼提出巴塞爾問題？村木老師的作戰又是什麼？盡是我不瞭解的事情。不過，我有預感會出現很厲害的東西。

米爾迦對我說：「現在蒂蒂將 $\frac{\sin x}{x}$ 表達成『乘積』，因式分解就是以數學式相乘來表示。而你所寫的泰勒展開式，則是

將同樣的 $\frac{\sin x}{x}$ 表示為『相加』，那麼——」

米爾迦在這裡停了下來，喘口氣後繼續說：「現在將蒂蒂的『乘積』與你的『相加』視為相等。」

$$\frac{\sin x}{x}\text{ 的乘積形式 }=\frac{\sin x}{x}\text{ 的相加形式}$$

$$\left(1-\frac{x^2}{1^2\pi^2}\right)\left(1-\frac{x^2}{2^2\pi^2}\right)\left(1-\frac{x^2}{3^2\pi^2}\right)\cdots=1-\frac{x^2}{3!}+\frac{x^4}{5!}-\frac{x^6}{7!}+\cdots$$

米爾迦寫到這裡，倏地將臉湊近在一旁探頭窺看數學式的蒂蒂說道：「蒂蒂，妳差不多也注意到了吧？」

蒂蒂漲紅著臉縮回身子，說道：「注、注意到什麼——」

米爾迦對我們張開雙手，低聲細語的說：

「比較 x^2 的係數。」

我看著數學式。
比較係數？
我快速計算。
比較係數！
我屏住呼吸。
難道……
厲害——這太厲害了。
我看向米爾迦。
米爾迦看向蒂蒂。
而蒂蒂——
「哎？怎麼回事？哎、哎？」
——她似乎還沒發現，看起來有些不知所措。
「蒂蒂知道左邊的 x^2 係數是什麼嗎？」米爾迦問道。
「這個——這個能夠知道嗎？這是無限多項的乘積……」

「蒂蒂，實際展開看看。現在來展開下面的式子。」

$$\left(1 - \frac{x^2}{1^2\pi^2}\right)\left(1 - \frac{x^2}{2^2\pi^2}\right)\left(1 - \frac{x^2}{3^2\pi^2}\right)\left(1 - \frac{x^2}{4^2\pi^2}\right)\cdots$$

「但是，式子有一堆 π 不好閱讀，所以定義

$$a = -\frac{1}{1^2\pi^2}, \quad b = -\frac{1}{2^2\pi^2}, \quad c = -\frac{1}{3^2\pi^2}, \quad d = -\frac{1}{4^2\pi^2}, \cdots$$

如此一來，就會變成如下的無限乘積。」

$$(1 + ax^2)(1 + bx^2)(1 + cx^2)(1 + dx^2)\cdots$$

「從左邊依序展開此式吧。」

$$\underbrace{(1 + ax^2)(1 + bx^2)}_{\text{關注前兩個因式}}(1 + cx^2)(1 + dx^2)\cdots$$

$$= \underbrace{\left(1 + (a + b)x^2 + abx^4\right)}_{\text{展開}}(1 + cx^2)(1 + dx^2)\cdots$$

$$= \underbrace{\left(1 + (a + b)x^2 + abx^4\right)(1 + cx^2)}_{\text{關注前兩個因式}}(1 + dx^2)\cdots$$

$$= \underbrace{\left(1 + (a + b + c)x^2 + (ab + ac + bc)x^4 + abcx^6\right)}_{\text{展開}}(1 + dx^2)\cdots$$

$$\vdots$$

「喔……感覺是具有規則性的。」蒂蒂看著米爾迦展開數學式說道。

「其實，這個是早上提到的解與係數的關係哦。有看出 x^2 係數的規則性了嗎？」米爾迦說道。

米爾迦從剛才就只跟蒂蒂說話，展開式子的速度也比平常緩慢，或許是顧慮到要讓她容易閱讀吧。

「嗯，有看出來。x^2 的係數是 $a + b + c + d + \cdots$ 嘛。」

　　「沒錯。無限乘積中，各因式 x^2 係數（$a, b, c, d, \cdots\cdots$）的無限相加（$a+b+c+d+\cdots$），就是展開後的 x^2 係數。那麼，回到剛才的『因式分解』式子。」米爾迦說道。

$$\frac{\sin x}{x} \text{ 的乘積形式 } = \frac{\sin x}{x} \text{ 的相加形式}$$

$$\left(1 - \frac{x^2}{1^2\pi^2}\right)\left(1 - \frac{x^2}{2^2\pi^2}\right)\left(1 - \frac{x^2}{3^2\pi^2}\right)\cdots = 1 - \frac{x^2}{3!} + \frac{x^4}{5!} - \frac{x^6}{7!} + \cdots$$

　　米爾迦淡淡地說下去。

　　「左邊展開時的『x^2 的係數』，列成左邊各因式『x^2 的係數和』就行了，$a+b+c+d+\cdots$ 就是 $-\frac{1}{1^2\pi^2} - \frac{1}{2^2\pi^2} - \frac{1}{3^2\pi^2} - \frac{1}{4^2\pi^2} - \cdots$。另一方面，右邊的『$x^2$ 係數』便立刻能知道了。討論至此，比較左右兩邊的 x^2 係數，可知下列等式成立。」

$$-\frac{1}{1^2\pi^2} - \frac{1}{2^2\pi^2} - \frac{1}{3^2\pi^2} - \frac{1}{4^2\pi^2} - \cdots = -\frac{1}{3!}$$

　　蒂蒂確認米爾迦的等式後說道「抽出 x^2 的係數……嗯，這樣啊。」

　　「還沒有注意到嗎？蒂蒂。」

　　「注、注意到什麼？」蒂蒂的大眼睛左右飄移。

　　米爾迦對蒂蒂露出不用慌張、沒關係的笑容，對著筆記本向蒂蒂繼續說明。

　　「式子經過整理，會變成這樣。」

$$\frac{1}{1^2\pi^2} + \frac{1}{2^2\pi^2} + \frac{1}{3^2\pi^2} + \frac{1}{4^2\pi^2} + \cdots = \frac{1}{6}$$

「兩邊同乘 π^2 ——」

$$\frac{1}{1^2} + \frac{1}{2^2} + \frac{1}{3^2} + \frac{1}{4^2} + \cdots = \frac{\pi^2}{6}$$

「啊、啊啊啊啊啊啊！」

蒂蒂大聲叫了出來。明明就提醒過她這裡是圖書室，但我能理解她想要大叫的心情。

「解開了、解開了！解開巴塞爾問題了！」

蒂蒂看向米爾迦，然後再看向我。

米爾迦點了點頭，如詠唱般說道：

「解開了，巴塞爾問題解開了，困擾著 18 世紀數學家的難題──巴塞爾問題解開了，多麼令人愉快的解法啊。」

米爾迦重新改寫式子：

$$\sum_{k=1}^{\infty} \frac{1}{k^2} = \frac{\pi^2}{6}$$

「當然，也可以這樣寫。」她又添了一筆。

$$\zeta(2) = \frac{\pi^2}{6}$$

「嗯，這樣就告一段落了。」米爾迦豎起食指微歪著頭並露出了笑容。這是她最美的笑容。

「為、為什麼！什、什麼時候！太、太不可思議了！」

蒂蒂依然深陷混亂之中。

解答 9-2　（巴塞爾問題）

$$\sum_{k=1}^{\infty} \frac{1}{k^2} = \frac{\pi^2}{6}$$

9.6.3　向無限挑戰

「解開問題的人，是我們的老師──李昂哈德・歐拉，他

是世界上第一個解開巴塞爾問題的人。1753 年歐拉老師 28 歲，是結婚的第二年——」米爾迦說道。

我們跨越了兩世紀半以上的時間，體會了歐拉的解法啊。當時的歐拉跟我們僅差了十多歲……結婚的第二年？

「我們也解開了這個問題嗎？」蒂蒂問道。

「是的，歐拉老師留下好幾個解開巴塞爾問題的方法，而我們依循的方法是其中一種解法。」

「雖然證明到一半，我就搞不懂了，但還是非常驚訝。」蒂蒂說道：「不知不覺就解開巴塞爾問題，真的讓人很驚訝。因為 $x = n\pi$ 是 $\sin x = 0$ 的解，所以我才認為說不定能夠因式分解 $\sin x$，覺得這是一個大發現，但也只到這裡為止。然而，米爾迦學姐卻找到其他的因式分解，轉眼間就以比較 x^2 係數的方法，解開了巴塞爾問題。」

蒂蒂繼續說道：「然後，還有一點……我對 $\sum_{k=1}^{\infty} \frac{1}{k^2}$ 的和是 $\frac{\pi^2}{6}$ 很震驚，沒想到整數倒數的平方和竟然會跑出 π……」

我們陷入短暫的沉默，對突然出現無理數的圓周率 π，感到不可思議。

「話說回來，為什麼蒂蒂的『因式分解』行不通呢？」我問道：「明明 $x = n\pi$　（$n = \pm 1, \pm 2, \cdots\cdots$）是 $\frac{\sin x}{x} = 0$ 的解。」

$$\frac{\sin x}{x} = (x+\pi)(x-\pi)(x+2\pi)(x-2\pi)(x+3\pi)(x-3\pi)\cdots \quad (\text{？})$$

米爾迦回答了我的疑問。

「$n\pi$ 確實是 $\frac{\sin x}{x} = 0$ 的解沒錯，但這個『因式分解』不僅冗長，又具有自由度。畢竟只有 $x = n\pi$ 是解，這個條件也能夠像這樣乘以 C 倍，並不具有唯一性。」

$$\frac{\sin x}{x} = C \cdot (x + \pi)(x - \pi)(x + 2\pi)(x - 2\pi)(x + 3\pi)(x - 3\pi) \cdots \quad (?)$$

「嗯……原來如此。$\lim_{x \to 0} \frac{\sin x}{x} = 1$，條件無法只以『因式分解』來表示啊。」

「沒錯。若是 n 次多項式，可配合 n 次方的係數做常數倍的調整。一般來說，最高次方項的係數是固定的，所以能夠配合情況調整，但若是無窮次多項式，因為不曉得 x^{∞} 的係數為多少，所以無法配合最高次方項的係數。成功的關鍵在於，從一開始就列出構成 $\lim_{x \to 0} \frac{\sin x}{x} = 1$ 的因式 $(1 - \frac{x}{n\pi})$ 的乘積，代替列出 $(x - n\pi)$ 來配合係數。在邁向無限之前，便已經做好配合情況的準備。」

米爾迦用手指推了推眼鏡，繼續說下去。

「但嚴格來說，這個邏輯推演並不嚴謹。我們為求 $\sin x = 0$ 的解，假設圖形與 x 軸的交點為 $x = n\pi$，但虛數解不會與 x 軸產生交點，因此並未討論虛數解的可能性。事實上，歐拉老師除此之外還留下幾個證明方法，但利用 $\sin x$ 冪級數展開的證明，非常具有魅力。如同比較 x^2 係數求得 $\zeta(2)$，比較 $x^{\text{正偶數}}$ 係數求得 $\zeta(\text{正偶數})$。」

巴塞爾問題的解法

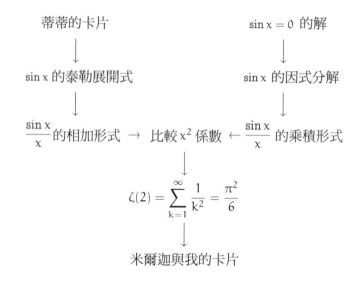

「雖然做最後整理的是我，但那是因為我已經知道歐拉老師的解法──」

米爾迦邊說邊站起身。

「儘管過程並不順利，但試圖『運用方程式的解，因式分解 $\sin x$』這想法非常棒。雖然當中存在不太嚴謹的部分，但能夠窺見蒂蒂向無限挑戰的決心。」

米爾迦將右手放到坐著的蒂蒂頭上。

「所以對我們的老師──歐拉老師表示敬意的同時，也要為蒂蒂鼓掌。」

米爾迦拍起手來，我也站起來拍手，我們兩個人一起為蒂蒂喝采。

「米爾迦學姐……學長……別這樣──」

蒂蒂雙手捧住羞紅的臉頰，不斷眨著那雙大眼睛。

這裡是圖書室，我們應該保持安靜。

但是，這些都已經不重要了。

為我們的活力少女蒂蒂鼓掌吧！

能夠像這樣明顯呈現

$1 + \frac{1}{2^n} + \frac{1}{3^n} + \frac{1}{4^n} + \cdots$ 一般化形式的

所有無窮級數的總和，

n 為偶數時，可藉由半圓周 π 表示。

事實上，這樣的級數和，總是具有 π^n 相關的有理數比值。

——歐拉

第 10 章

分拆數

告白的答案，在銀河的盡頭
——小松美和

10.1　圖書室

10.1.1　分拆數

「我拿來了哦。」一如往常的放學後，米爾迦走進圖書室，手上似乎拿著村木老師的問題。

蒂蒂和我探頭看著攤在桌上的紙張。

（村木老師給的卡片）

已知有面額為 1 元、2 元、3 元、4 元……的各種硬幣，試問支付 n 元的硬幣組合共有多少種？假設組合的情況數為 P_n（各支付方法稱為 n 的**分拆**，分拆數 P_n 稱為 n 的**分拆數**）。

比如，支付 3 元的方法有「1 枚 3 元硬幣」「1 枚 2 元硬幣與 1 枚 1 元硬幣」，以及「3 枚 1 元硬幣」3 種方式，故 $P_3 = 3$。

問題 10-1

試求 P_9。

問題 10-2

$P_{15} < 1000$ 是否成立？

「這只是計算支付的方法數，很簡單嘛。」高中一年級的學妹——活力少女蒂蒂說道。

「是嗎？」我說道。

「哎？P_9 是指支付 9 元的情況數嘛。『使用 1 元硬幣的情況』『使用 2 元硬幣的情況』，按照順序討論不就好了嗎？」

「並沒有那麼單純喔，蒂蒂。畢竟同樣的硬幣可以使用好幾次，即便是使用 1 元的情況，也要考慮到『使用幾枚』。」

「學長……我已經不是那個總是不小心忘記設條件的蒂蒂了哦。我知道需要注意枚數，只要冷靜慢慢往上計算就沒問題了。」蒂蒂似乎充滿自信。

「是嗎？一直往上數容易失敗，我認為用一般化求解才安全。問題 10-1 的 P_9 還好，問題 10-2 的 P_{15} 大概會變成『非常

大的數』喔。」

「學長，真的會是『非常大的數』嗎？不過是支付 15 元的方法數唷。」

「蒂蒂，就算只是 15 元，組合的情況數仍會呈現爆炸性成長——」

碰！

一直沒有說話的米爾迦用手掌拍擊桌子，她想模擬爆炸聲嗎？

我們瞬間停止對話。

「蒂蒂妳去那邊的角落，你去窗邊的座位，而我在這邊，大家閉上嘴安靜思考。」

聽到米爾迦的命令，蒂蒂和我點頭如搗蒜。

「知道了還不馬上行動？」

——在放學後的圖書室裡，我們閉上嘴，開始用功。

10.1.2 思考實例

面額為正整數（1、2、3、4、……）的奇妙硬幣，使用這些硬幣支付 n 元的金錢。這是求支付方法的情況數——分拆數 P_n——的問題。

一如往常，我從較小的數開始具體思考，重點在於以**實例**來抓住感覺。

$n=0$ 時，即支付金額為 0 的情況……只有「不支付」一種方法，情況數為 1，可說 $P_0=1$。

$$P_0 = 1 \qquad \text{支付 0 元的方法有 1 種}$$

$n=1$ 時……只有「使用 1 枚 1 元硬幣」1 種方法，所以 $P_1=1$。

$$P_1 = 1 \qquad \text{支付 1 元的方法有 1 種}$$

$n=2$ 時……有「使用 1 枚 2 元硬幣」與「使用 2 枚 1 元硬幣」的方法，所以 $P_2=2$。

$$P_2 = 2 \qquad \text{支付 2 元的方法有 2 種}$$

$n=3$ 時……有「使用 1 枚 3 元硬幣」「使用 1 枚 2 元硬幣、1 枚 1 元硬幣」與「使用 3 枚 1 元硬幣」3 種方法。

像這樣用文字敘述很麻煩，因此將「使用 1 枚 2 元硬幣、1 枚 1 元硬幣」的支付方法，表示為 2+1 的形式，也就是想成

$$\underbrace{2}_{\text{1 枚 2 元硬幣}} + \underbrace{1}_{\text{1 枚 1 元硬幣}}$$

如此一來，$n=3$ 時，可表達成下面 3 種情況。

$$
\begin{aligned}
3 &= 3 \\
&= 2+1 \\
&= 1+1+1
\end{aligned}
$$

換句話說，$P_3=3$。

$$P_3 = 3 \qquad \text{支付 3 元的方法有 3 種}$$

嗯哼，P_3 可稱為「支付 3 元的情況數」，但也可說是「將 **3 分拆**成幾個正整數的情況數」。正因如此，名字才稱為「分拆數」吧。

$n=4$ 時，如下有 5 種，共有 5 個分拆數。嗯，我抓到訣竅了。

$$4 = 4$$
$$= 3 + 1$$
$$= 2 + 2$$
$$= 2 + 1 + 1$$
$$= 1 + 1 + 1 + 1$$

$P_4 = 5$ 　　　支付 4 元的方法有 5 種

$n = 5$ 時……可找到如下 7 種：

$$5 = 5$$
$$= 4 + 1$$
$$= 3 + 2$$
$$= 3 + 1 + 1$$
$$= 2 + 2 + 1$$
$$= 2 + 1 + 1 + 1$$
$$= 1 + 1 + 1 + 1 + 1$$

$P_5 = 7$ 　　　支付 5 元的方法有 7 種

當 n 變大到這種程度後，便可逐漸發現類似規則性的東西。數字不大時，不容易發現其規則性。從前，米爾迦曾說過「樣本太少會找不出規則」，但若數字過大，則會變得難以具體列舉。

繼續下去吧。假設 $n=6$，則有如下 11 種表示方法：

$$
\begin{aligned}
6 &= 6 \\
&= 5 + 1 \\
&= 4 + 2 \\
&= 4 + 1 + 1 \\
&= 3 + 3 \\
&= 3 + 2 + 1 \\
&= 3 + 1 + 1 + 1 \\
&= 2 + 2 + 2 \\
&= 2 + 2 + 1 + 1 \\
&= 2 + 1 + 1 + 1 + 1 \\
&= 1 + 1 + 1 + 1 + 1 + 1
\end{aligned}
$$

$P_6 = 11$　　支付 6 元的方法有 11 種

$\langle P_2, P_3, P_4, P_5, P_6 \rangle = \langle 2, 3, 5, 7, 11 \rangle$ 規律與質數有關嗎？
P_7 會是 13 嗎？

$$
\begin{aligned}
7 &= 7 \\
&= 6 + 1 \\
&= 5 + 2 \\
&= 5 + 1 + 1 \\
&= 4 + 3 \\
&= 4 + 2 + 1 \\
&= 4 + 1 + 1 + 1 \\
&= 3 + 3 + 1 \\
&= 3 + 2 + 2 \\
&= 3 + 2 + 1 + 1 \\
&= 3 + 1 + 1 + 1 + 1 \\
&= 2 + 2 + 2 + 1 \\
&= 2 + 2 + 1 + 1 + 1 \\
&= 2 + 1 + 1 + 1 + 1 + 1
\end{aligned}
$$

$$= 1 + 1 + 1 + 1 + 1 + 1 + 1$$

$$P_7 = 15 \qquad 支付 7 元的方法有 15 種$$

P_7 有 15 種，可惜不是質數。

不過數字逐漸快速增長了，這樣下去，討論 $n=8$ 與 $n=9$ 沒問題嗎？不會算錯嗎？不，與其擔心，不如耐心嘗試。

$n=8$ 的情況。

$$8 = 8$$
$$= 7 + 1$$
$$= 6 + 2$$
$$= 6 + 1 + 1$$
$$= 5 + 3$$
$$= 5 + 2 + 1$$
$$= 5 + 1 + 1 + 1$$
$$= 4 + 4$$
$$= 4 + 3 + 1$$
$$= 4 + 2 + 2$$
$$= 4 + 2 + 1 + 1$$
$$= 4 + 1 + 1 + 1 + 1$$
$$= 3 + 3 + 2$$
$$= 3 + 3 + 1 + 1$$
$$= 3 + 2 + 2 + 1$$
$$= 3 + 2 + 1 + 1 + 1$$
$$= 3 + 1 + 1 + 1 + 1 + 1$$
$$= 2 + 2 + 2 + 2$$
$$= 2 + 2 + 2 + 1 + 1$$
$$= 2 + 2 + 1 + 1 + 1 + 1$$
$$= 2 + 1 + 1 + 1 + 1 + 1 + 1$$
$$= 1 + 1 + 1 + 1 + 1 + 1 + 1 + 1$$

$$P_8 = 22 \qquad 支付 8 元的方法有 22 種$$

終於到 $n=9$ 的情況：

$$9 = 9$$
$$= 8 + 1$$
$$= 7 + 2$$
$$= 7 + 1 + 1$$
$$= 6 + 3$$
$$= 6 + 2 + 1$$
$$= 6 + 1 + 1 + 1$$
$$= 5 + 4$$
$$= 5 + 3 + 1$$
$$= 5 + 2 + 2$$
$$= 5 + 2 + 1 + 1$$
$$= 5 + 1 + 1 + 1 + 1$$
$$= 4 + 4 + 1$$
$$= 4 + 3 + 2$$
$$= 4 + 3 + 1 + 1$$
$$= 4 + 2 + 2 + 1$$
$$= 4 + 2 + 1 + 1 + 1$$
$$= 4 + 1 + 1 + 1 + 1 + 1$$
$$= 3 + 3 + 3$$
$$= 3 + 3 + 2 + 1$$
$$= 3 + 3 + 1 + 1 + 1$$
$$= 3 + 2 + 2 + 2$$
$$= 3 + 2 + 2 + 1 + 1$$
$$= 3 + 2 + 1 + 1 + 1 + 1$$
$$= 3 + 1 + 1 + 1 + 1 + 1 + 1$$
$$= 2 + 2 + 2 + 2 + 1$$
$$= 2 + 2 + 2 + 1 + 1 + 1$$
$$= 2 + 2 + 1 + 1 + 1 + 1 + 1$$
$$= 2 + 1 + 1 + 1 + 1 + 1 + 1 + 1$$
$$= 1 + 1 + 1 + 1 + 1 + 1 + 1 + 1 + 1$$

$P_9 = 30$ 　　　支付 9 元的方法有 30 種

嗯，這樣就做到村木老師的問題 10-1 了，支付 9 元的方法有 30 種，9 的分拆數是 30 個。

問題 10-2 該怎麼辦呢？就算硬算到 P_{15}，肯定是「非常大的數」，應該要求 P_n 的一般項進行討論吧。

「現在是放學時間。」

瑞谷老師出現了！已經是這個時候了啊。

瑞谷老師是圖書管理員，時間一到就會現身，她戴著無法判斷視線方向的深色眼鏡，以宛若機器人的精密動作走到圖書室中間，宣布放學時間到了。

總之，先做到這裡──知道問題 10-1 的答案是 $P_9 = 30$，但還不知道問題 10-2 的答案。

解答 10-1

$$P_9 = 30$$

10.2　回家路上

10.2.1　費氏手勢

我們三個人走在往車站的路上。

蒂蒂像是要猜拳一樣比著手勢。

「妳在做什麼？」我問道。

「費氏手勢。」

「那是什麼？」

「也難怪學長不知道，這是我想出來的手勢。」

「……？」

「這表示『我非常喜歡數學哦！』的意思，是數學愛好者打招呼的方式，無論是見面還是道別時，都可以使用哦。因為是手勢，即使語言不通或是相隔一段距離，也能夠傳達給對方知道，厲害吧。」

蒂蒂露出一臉得意的樣子。

「那麼，就來試試看吧。」

蒂蒂將手伸到我的鼻子前面，連續比了四次手勢。

「知道是什麼嗎？」

「……是什麼？」

「請仔細看手指比出來的數字，1、1、2、3 手指數目逐漸增加嘛？」

蒂蒂又再重新比了一次，手指數目的確是 1、1、2、3 逐漸增加。然後呢？

「然後，看到費氏手勢後，就要比出猜拳的布來回應，因為 1、1、2、3 的下一個是 5。以手指的數目來表示費氏數列，這就是費氏手勢。」

「……啊對了，米爾迦，關於剛才的 P_9……」

「啊、啊啊啊，學長，請不要若無其事地忽略我。」

我看向米爾迦，她也在用手指不斷比著手勢。

「……喂，米爾迦，妳在做什麼？」我傻眼問道。

「費氏手勢。不過，蒂蒂，5 以後要怎麼辦？用雙手比 $3+5=8$ 嗎？費氏手勢若要持續下去，很快全世界的人伸出雙手

也不夠用哦。」米爾迦說道。

「不，到 5 就停了。那麼，我們一起來比吧。我比出 1、1、2、3 後，就要回應 5 哦⋯⋯一、一、二、三⋯⋯來吧。」

米爾迦笑著張開手掌。

⋯⋯真讓人覺得不好意思，我們又不是小學生。

不過，蒂蒂繼續豎著三根手指，用那雙大大的眼睛看著我。真拿她沒辦法，我只好勉為其難張開手掌回應。

「⋯⋯五。」

「好的，謝謝。」

活力少女今天也相當興致高昂。

10.2.2　分組

走到大馬路上，一旁設置的護欄使得人行步道變窄，我們便依照蒂蒂、我、米爾迦的順序魚貫前進。蒂蒂不斷回頭說話，感覺很危險。米爾迦站在我的身後，總讓人覺得不太自在。

「若說問題 10-1 是手的運動，問題 10-2 就是腦的運動了。」米爾迦說道。

蒂蒂轉過頭說：「我解開問題 10-1 了。現在正在計算問題 10-2，實際分拆 P_{15} 後才知道『非常大的數』是什麼意思。數量迅速膨脹起來，雖然已經寫出 50 種了，但還沒有結束。不過，我認為絕對不會超過 1000。」

「蒂蒂，看前面看前面，小心撞到電線桿。」

「沒事的，學長。話說回來，P_9 是 29 種吧？」蒂蒂攤開筆記本給我看。

「咦⋯⋯29 種？不是 30 種嗎？」

①＋⑧　　　　　②＋⑦　　　　　①×2＋⑦

③＋⑥　　　　　①＋②＋⑥　　　①×3＋⑥

④＋⑤　　　　　①＋③＋⑤　　　②×2＋⑤

①×2＋②＋⑤　　①×4＋⑤　　　①＋④×2

①×2＋③＋④　　①＋②×2＋④　①×3＋②＋④

①×5＋④　　　　③×3　　　　　①＋②＋③×2

①×3＋③×2　　②×3＋③　　　①×2＋②×2＋③

①×4＋②＋③　　①×6＋③　　　①＋②×4

①×3＋②×3　　①×5＋②×2　　①×7＋②

①×9　　　　　　⑨

「要怎麼看啊？」我問道。

「哎，就跟看到的一樣啊。比如，①×3 是 1 元硬幣支付 3 枚的意思。」

「喔，原來如此。每個人的寫法不太一樣嘛。」

「沒有 ②＋③＋④。」米爾迦越過我的肩膀，探頭看著筆記本說道。她的長髮碰到我，傳來淡淡的水果香。

「哎呀，明明檢查了好幾次……好痛！」蒂蒂的頭撞到了廣告看板，明明剛剛才提醒過她的……

車站到了。

「那麼，我走這邊。明天見。」米爾迦輕敲了一下蒂蒂的頭，快步離去。她的回家方向剛好跟我們相反。

「啊──米爾迦學姐……我原本還想用費氏手勢向她道別。」蒂蒂嘟起嘴巴，不斷用指頭比出手勢。

此時，米爾迦舉起右手，在空中揮舞五根手指。她沒有放慢步伐，也沒有回頭。

10.3 「BEANS」

蒂蒂提議要不要去喝杯咖啡，於是我們來到車站前的「BE-
ANS」。她今天坐在我的正對面。

蒂蒂將牛奶倒入咖啡後便發起了呆，也忘了要用湯匙攪
拌。她跟平常似乎有點不太一樣，不久後她低喃似地說道：

「我也希望數學能變得更好一點。雖然不漏掉條件很重
要，但只有這樣是不夠的，真麻煩。想要直接手算 P_{15}，卻變成
『非常大的數』……」

她大大嘆了一口氣。

「啊——學長的心裡有沒有我的位置呢……？」

「咦？」

「哎？」蒂蒂的臉愈來愈紅，「我剛才說出口了嗎？剛才
的不算！啊，不對，也不是不算！……啊啊，真是的。」

她的兩隻手在臉前揮來揮去。這不是費氏手勢。

——過了一會兒。

蒂蒂垂下頭娓娓道來：

「……學長國三的時候，也就是我國二的時候，學長在校
慶上發表了關於二進制的報告。在發表的最後，學長說『**數學
是超越時間的**』，歷史上有許多數學家研究過二進制，而二進
制活用於現代電腦中。『數學是超越時間的』這句話令我留下
了深刻的印象。比如，在 17 世紀研究二進制的萊布尼茲（Got-
tfried Leibniz），並不曉得 21 世紀的電腦，雖然他已經不在人
世——但數學卻超越了時間，持續活用，傳達給現代的人……
我從學長的話裡感受到這件事情。啊，的確是這樣，我真心認
為數學能夠超越時間。」

——這麼說起來，我的確曾經發表過那樣的報告。

「當時，學長放學後都會去圖書間嘛。校慶後，我也開始

會去圖書間，總覺得很想要接近學長……我待在圖書間的角落看書，但學長都一直忙著算數學，完全沒注意到我。因為這樣，我在那年冬天變成圖書間的常客。」

她抬起頭「嘿嘿」地露出不好意思的笑容。

——呃，我完全沒注意到。我一直以為在這個沒人會來的圖書間裡只有我一個人。

「我……考上學長就讀的高中時，真的很高興。我能下定決心寫信給學長真是太好了。我非常喜歡你叫我『蒂蒂』，聽到『蒂蒂好厲害』，就覺得自己好像做什麼都會成功。而且，學長還帶我去天文台……能夠跟學長——還有米爾迦學姐——一起討論數學，真的非常開心。」

——這麼說起來，我們是去過天文台沒錯。

「不過……我也有沮喪的時候。雖然能夠跟學長姐一起討論，但自己一個人就什麼都做不來。像是今天我就失敗了。」

——嗯，我能懂蒂蒂的心情。我看著米爾迦時，有時也會有一樣的感覺。

「我的位置……學長的心裡有我的位置嗎？對學長來說，我可能只是一個慌慌張張的學妹……要是學長能夠空下心中的一個小角落，偶爾教教我數學就好了……」

——在我的心裡看不見的空間，有著為蒂蒂而存在的領域……

我開口說道：

「嗯，我現在也留著妳的位置喔。我非常喜歡和蒂蒂說話，也很佩服妳的坦率和理解力。就像以前在『學倉』的約定，我任何時候都會教妳數學。嗯，跟妳的約定並沒有改變——我自己也是一個人就什麼都做不來。在國中的圖書間自己算數學很有趣，但我現在更加快樂，因為有能夠跟我暢談數學的人……

在我的心裡，確實留有蒂蒂的位置。對我來說，妳肯定是非常重要的朋友。」

「STOP──」蒂蒂向我伸出右手、展開她的五根手指，「謝、謝謝，我非常高興。但繼續講下去，我好像──會說出不該說的話，所以就到此為止吧。」

蜿蜒的道路盤旋在空間中。

啊啊，原來如此──每次在回家的路上，蒂蒂總是慢慢走的理由。

她希望擴大跟我共有的領域。

在這高中生活有限的時空裡。

10.4 自家

自家。

數位時鐘顯示著 23 點 59 分，23 和 59 都是質數。

家人都睡了，我在房間裡算著數學。這是我最幸福的時刻。

父母對於我在挑戰什麼樣的數學式沒有興趣，就算完成有趣的數學式變化，很高興地跟他們分享，也只是換來一句「好厲害」而已。

朋友誠可貴，米爾迦與蒂蒂能夠跟我相互出題，一同解決、探討，窮盡知識來對戰，共同鑽研解法，透過名為數學式的共通語言來對話……我喜歡這樣的時光，這跟國中待在圖書間度過的情況非常不同，當時是獨自一個人算數學──不對，那個時候，蒂蒂也待在圖書間的某處……

……繼續執行村木老師的問題，討論分拆數 P_n 吧。試著挑戰運用**生成函數**解出 $P_{15} < 1000$ 是否成立的問題 10-2。

所謂生成函數，是指利用 x 的乘冪，將數列的所有項結合為一個函數。前陣子，米爾迦和我運用生成函數求得費氏數列、卡塔蘭數的一般項，這次的 P_n 是否也能用生成函數來求得一般項呢？只要找出一般項 P_n「關於 n 的閉合式」，就能夠迅速解開問題 10-2。

整理到目前為止知道的 P_n 吧。

n	0	1	2	3	4	5	6	7	8	9	...
P_n	1	1	2	3	5	7	11	15	22	30	...

假設這個數列的生成函數為 $P(x)$，並記述如下。這同時也是生成函數的定義。

$$P(x) = P_0 x^0 + P_1 x^1 + P_2 x^2 + P_3 x^3 + P_4 x^4 + P_5 x^5 + \cdots$$

代入 P_0、P_1、……的具體數字，由於 n 次的係數為 P_n，所以如下所示：

$$P(x) = 1x^0 + 1x^1 + 2x^2 + 3x^3 + 5x^4 + 7x^5 + \cdots$$

其中變數 x 是為了不讓各項混淆，便以數列為係數來孕育母體——生成函數。

然後下一步是列出生成函數「關於 x 的閉合式」。

在求費氏數列 F_n 時，是用遞迴關係式求出閉合式，乘上 x 以來錯移 $F(x)$ 係數，真教人懷念。

在求卡塔蘭數 C_n 時，則是用生成函數的乘積求出閉合式，體會到「分配」的樂趣。

分拆數 P_n 會如何呢？就算列出生成函數，也沒辦法如同魔法般解開問題，還是得找出與數列相關的本質。

繼續研究分拆數的生成函數吧，畢竟長夜漫漫。

10.4.1 為了挑選出來

我在房間裡來回繞著圈子思考，雖然實際動手計算數字很重要，但不用多久就會輸給組合的情況數的爆炸性增長。在變成「非常大的數」之前，需要轉為一般化求解的靈感。米爾迦曾說這種靈感是「大腦運動」。思考啊，思考啊。

……我打開窗戶，呼吸著夜晚的空氣，聽著遠方傳來的狗叫聲——為什麼我會喜歡數學呢？數學究竟是什麼？米爾迦是這麼說的：

> 「如康托爾（Georg Cantor）所說，『數學的本質在於自由』，歐拉老師是自由的唷。他將無限大、無限小的概念靈活運用在自己的研究上，無論是圓周率 π、虛數單位 i 還是自然對數的底數 e，都是歐拉老師首先開始使用的文字。老師在當時無法橫渡的河上架一了座橋，就像在柯尼斯堡（Konigsberg）上架設新橋一樣。」

橋——我未來也能夠在某處架設一座新橋嗎？

稍微脫離生成函數思考一下，試著回想有沒有解過類似的問題呢？回想啊、回想啊——

> 「……我不記得。對不起。」
> 「……不是回想起來，而是要思考、討論。」

我跟蒂蒂曾經有過這樣的對話。「思考很重要」這件事情，自己「回想起來」後，我不禁笑了出來。思考固然重要，但回想也一樣重要。

當時是在跟蒂蒂講二項式定理，展開 $(x+y)^n$ 後出現組合數，這讓蒂蒂十分驚訝，我告訴她 $\binom{n}{k}$ 和 $_nC_k$ 是一樣的意思。

　　$(x+y)$ 自乘 n 次時，是從 n 個因式 $(x+y)$ 分別挑選出 x 或 y，彼此相乘起來，形成各項。統整同類項後，挑選的情況數就會變成係數。

　　比如，展開 $(x+y)^3$ 時，是從 3 個因式挑選出 x、y，彼此相乘形成下面的 8 個項。

$$\left(\textcircled{x}+y\right)\left(\textcircled{x}+y\right)\left(\textcircled{x}+y\right) \quad \rightarrow \quad xxx = x^3y^0$$

$$\left(\textcircled{x}+y\right)\left(\textcircled{x}+y\right)\left(x+\textcircled{y}\right) \quad \rightarrow \quad xxy = x^2y^1$$

$$\left(\textcircled{x}+y\right)\left(x+\textcircled{y}\right)\left(\textcircled{x}+y\right) \quad \rightarrow \quad xyx = x^2y^1$$

$$\left(\textcircled{x}+y\right)\left(x+\textcircled{y}\right)\left(x+\textcircled{y}\right) \quad \rightarrow \quad xyy = x^1y^2$$

$$\left(x+\textcircled{y}\right)\left(\textcircled{x}+y\right)\left(\textcircled{x}+y\right) \quad \rightarrow \quad yxx = x^2y^1$$

$$\left(x+\textcircled{y}\right)\left(\textcircled{x}+y\right)\left(x+\textcircled{y}\right) \quad \rightarrow \quad yxy = x^1y^2$$

$$\left(x+\textcircled{y}\right)\left(x+\textcircled{y}\right)\left(\textcircled{x}+y\right) \quad \rightarrow \quad yyx = x^1y^2$$

$$\left(x+\textcircled{y}\right)\left(x+\textcircled{y}\right)\left(x+\textcircled{y}\right) \quad \rightarrow \quad yyy = x^0y^3$$

　　這些全部加起來「統整同類項」，就是乘積的展開。

$$(x+y)(x+y)(x+y) = \underline{1}x^3y^0 + \underline{3}x^2y^1 + \underline{3}x^1y^2 + \underline{1}x^0y^3$$

　　係數 1、3、3、1 分別是挑選出 3 個 x、2 個 x、1 個 x、0 個 x 的情況數，換句話說，係數表示為 $\binom{n}{k}$ 後，會變成下式：

$$(x+y)(x+y)(x+y) = \binom{3}{3}x^3 + \binom{3}{2}x^2y + \binom{3}{1}xy^2 + \binom{3}{0}y^3$$

　　回想到這裡，我心中瞬間浮現蒂蒂佩服的臉龐，讓原本房間裡繞圈子的我停下了腳步。

　　嗯？

好像——想到什麼很重要的東西。

「蒂蒂佩服的臉龐。」……不，更前面。

「不是回想起來，而是要思考。」……更後面。

「挑選的情況數會變成係數。」……就是這個。

挑選的情況數會變成係數。

運用蒂蒂的分組方法——從因式中挑選出——嗯，感覺可以連接起來了。肯定與分拆數的生成函數有關，將數學式當作無限相加的無限乘積就行了。我知道了。

「知道了還不馬上行動？」米爾迦的聲音在我心中響起。

我急忙開始計算，無限乘積不能說是「關於 x 的閉合式」，但應該可得到乘積形式的生成函數 $P(x)$。

——深夜的自家中，我安靜地開始用功。

問題 10-3 　（我設定的問題）
假設分拆數的生成函數為 $P(x)$，試求出乘積形式的 $P(x)$。

10.5　音樂教室

隔天。

英英、米爾迦還有我三個人在放學後的音樂教室聊天。

「妳說『必讀歐拉、必讀歐拉』？要是我則會說：『必彈巴哈、必彈巴哈』。」

英英在平台鋼琴上，一邊彈著《哥德堡變奏曲》（*Goldberg-Variationen*），一邊這麼說道。她同樣是高二生，雖然是同年級，但班級跟米爾迦和我不同。她是鋼琴愛好會「極強音」的

社長，一位熱愛鍵盤樂器的女孩。

「嗯，巴哈不錯。」米爾迦微笑著，將手揹到背後，配合鋼琴聲一步步繞著音樂教室走以享受氣氛。她的心情看來似乎不錯。

「對了，今天蒂蒂兒不來嗎？不是你在什麼地方，她就會跟到哪裡嗎？」英英邊演奏邊向我問道。

蒂蒂兒。

「她並沒有特別跟著我吧。」我答道。

就在這個時候，蒂蒂抱著筆記本走進音樂教室。

「啊，學長在這裡啊。我還想說學長不在圖書室，會跑去哪裡呢。」

這不確實跟在後面嗎？英英小聲說道。

「打擾到你們了嗎？」蒂蒂看著我們。

「沒有喔，蒂蒂。我們沒有特別在做什麼。」我說道。

「不是在聽我動人的演奏嗎？」

「好啦、好啦……啊，對了。」我說道：「蒂蒂來了正好，大家可以進入數學模式，大致聽一下我昨晚的數學成果嗎？米爾迦，我可以寫分拆數的式子嗎？」

「求出一般項 P_n 的閉合式了嗎？」米爾迦突然停下腳步，一臉嚴肅地看著我問道。

「不，不是，還沒求出一般項 P_n 的閉合式，我求出的是生成函數 $P(x)$ 無限乘積形式。」我答道。

「那就好。」米爾迦再度恢復笑容。

「那麼，我就用前面的黑板吧。」

我走到音樂教室前面，移動滑動式黑板，做好準備。米爾迦和蒂蒂也靠了過來。

「啊，要開始算數學了」英英停下彈鋼琴的手。

10.5.1 我的發表（分拆數的生成函數）

「為了解開問題 10-2，我試圖求出分拆數 P_n 的一般項。為此，先著手求出生成函數 $P(x)$，生成函數 $P(x)$ 可寫成如下。」

$$P(x) = P_0 x^0 + P_1 x^1 + P_2 x^2 + P_3 x^3 + P_4 x^4 + P_5 x^5 + \cdots$$

「這只是根據定義，直接列式。我自己設定了問題 10-3『找出乘積形式的生成函數 $P(x)$』，但在求解問題 10-3 之前，為了方便說明，先來討論下面的問題 10-4。這是加上硬幣枚數與種類限制的『附加條件的分拆數』。」

問題 10-4　『附加條件的分拆數』
已知各有 1 枚 1 元硬幣、2 元硬幣、3 元硬幣，試問支付 3 元的方法共有幾種。

「問題 10-4 不難，硬幣限制為 1、2、3 元硬幣 3 種且分別只有 1 枚，所以支付 3 元的方法有『1 元硬幣與 2 元硬幣』與『3 元硬幣』2 種方法。這就是答案。」

解答 10-4
2 種方法。

「然後，利用這個問題 10-4 來說明生成函數，將使用各硬幣能夠支付的金額如下列表。」

使用①能夠支付的金額，是 0 元或者 1 元。

使用②能夠支付的金額，是 0 元或者 2 元。

使用③能夠支付的金額，是 0 元或者 3 元。

「接著討論下面的式子，利用形式變數 x，以指數表示『支付金額』。為了方便理解，把 1 寫作 x^0。」

$$(x^0 + x^1)(x^0 + x^2)(x^0 + x^3)$$

「原來如此，很有意思。」米爾迦說道。

「對吧。」我微笑道。

「米爾迦學姐，什麼『原來如此』？學長，什麼『對吧』？我完全不懂，哥哥姐姐拜託按照順序說明啦。」蒂蒂開始抱怨。她才剛說完，英英的鋼琴就響起喜劇的配樂。

「繼續下去吧。」米爾迦說道。

「蒂蒂，剛才的式子要這樣看喔」我說道。

$$\underbrace{(x^0 + x^1)}_{①的部分}\underbrace{(x^0 + x^2)}_{②的部分}\underbrace{(x^0 + x^3)}_{③的部分}$$

「展開後意義就清楚了。指數是各硬幣的支付情況，而各項是能夠支付的所有可能性。」

$$
\begin{aligned}
(x^0 + x^1)(x^0 + x^2)(x^0 + x^3) = \ & x^{0+0+0} \\
& + x^{0+0+3} \\
& + x^{0+2+0} \\
& + x^{0+2+3} \\
& + x^{1+0+0} \\
& + x^{1+0+3} \\
& + x^{1+2+0} \\
& + x^{1+2+3}
\end{aligned}
$$

「比如，x^{1+2+0} 項的指數 $1 + 2 + 0$ 可如下解讀。」

$$1 \quad \longrightarrow \quad 使用①支付的金額為 1 元$$

$$2 \quad \longrightarrow \quad 使用②支付的金額為 2 元$$

$$0 \quad \longrightarrow \quad 使用③支付的金額為 0 元$$

「……學長，請等一下。我不明白 x^{1+2+0} 的意思，若是使用1枚①、1枚②、0枚③，指數不是 $1 + 2 + 0$ 而是 $1 + 1 + 0$ 吧？」蒂蒂一臉認真地指著式子追問道。

「不，不對。這不是指『k 元硬幣的枚數』，而是要想成『以 k 元硬幣支付的金額』。」

「我會將其稱為『k 元硬幣的貢獻度』。」米爾迦說道。

「學長，我稍微明白了。的確，觀察展開式子的 x 指數，能夠知道用①、②、③支付的所有可能性。嗯……但是，我不懂，為什麼一定要討論 $(x^0+x^1)(x^0+x^2)(x^0+x^3)$ 這個式子呢？」

「這是因為──『式子的展開方法』與『支付方法的所有可能性』剛好相同，展開 $(x^0+x^1)(x^0+x^2)(x^0+x^3)$ 時，各項是這樣產生的。」

- 從 x^0+x^1 選出一項；
- 從 x^0+x^2 選出一項；
- 從 x^0+x^3 選出一項，彼此相乘。

「這個作法跟下面討論的支付方法剛好一樣。」

- 選出使用①支付的金額；
- 選出使用②支付的金額；
- 選出使用③支付的金額，彼此相加。

「哈……原來如此，我明白了。為了列出所有的組合，利用式子的展開……唔──」蒂蒂似乎想通了。

我繼續說明下去。

「整理展開後的式子，會變如下的數學式，集中相同 x^k 的項（也就是統整同類項），根據指數，由小到大排列順序。」

$$(x^0 + x^1)(x^0 + x^2)(x^0 + x^3) \qquad \text{關注的式子}$$

$$= x^{0+0+0} + x^{0+0+3} + x^{0+2+0} + x^{0+2+3} \qquad \text{展開}$$
$$\quad + x^{1+0+0} + x^{1+0+3} + x^{1+2+0} + x^{1+2+3}$$

$$= x^0 + x^3 + x^2 + x^5 + x^1 + x^4 + x^3 + x^6 \qquad \text{計算指數}$$

$$= x^0 + x^1 + x^2 + 2x^3 + x^4 + x^5 + x^6 \qquad \text{統整同類項，根據指數由小到大排列順序}$$

「蒂蒂，x^3 的係數是 2 喔。妳認為這表示什麼意思？」

「嗯……為什麼係數是 2……因為 x^3 的項有 2 個，具體來說就是 x^{0+0+3} 與 x^{1+2+0} ──原來如此，我明白了。x^3 的係數是 2，表示支付金額為 3 的情況數有 2 種。」

「沒錯。再仔細想一下妳剛才說的事情。我們面前有使用形式變數 x 的乘冪和，而 x^n 的係數是『支付金額為 n 的情況數』。那麼，『支付金額為 n 的情況數』是什麼呢？」

「『支付金額為 n 的情況數』是──啊，是分拆數！」

「是的。問題 10-4 加上了硬幣枚數與種類的限制，跟村木老師的問題 10-1 和 10-2 出現的分拆數不同，但卻是非常類似的東西。已知使用形式變數 x 的乘冪和，其係數是『支付金額為 n 的情況數』──這正是生成函數。換句話說，$(x^0+x^1)(x^0+x^2)(x^0+x^3)$ 是『加上限制分拆數』的生成函數。」

問題 10-4 「加上限制分拆數」的生成函數

$$(x^0 + x^1)(x^0 + x^2)(x^0 + x^3)$$

「原來如此……說到生成函數，會想到複雜的無窮級數，但也有像$(x^0 + x^1)(x^0 + x^2)(x^0 + x^3)$一樣，以較小有限乘積組成的生成函數嘛。迷你迷你生成函數……」蒂蒂做出捏飯糰的動作。

「那麼……」我繼續說下去。

◎ ◎ ◎

那麼，到此為止是「加上限制的分拆數」。接著要討論的是，解除硬幣枚數與種類的限制，雖然討論的方向不變，但討論的東西不是「有限相加的有限乘積」$(x^0 + x^1)(x^0 + x^2)(x^0 + x^3)$，而是「無限相加的無限乘積」如下所述。

$(x^0 + x^1 + x^2 + x^3 + \cdots)$ ① 的貢獻度

$\times (x^0 + x^2 + x^4 + x^6 + \cdots)$ ② 的貢獻度

$\times (x^0 + x^3 + x^6 + x^9 + \cdots)$ ③ 的貢獻度

$\times (x^0 + x^4 + x^8 + x^{12} + \cdots)$ ④ 的貢獻度

$\times \cdots$

$\times (x^{0k} + x^{1k} + x^{2k} + x^{3k} + \cdots)$ ⓚ 的貢獻度

$\times \cdots$

出現無限相加，對應硬幣的枚數不受限制。
出現無限乘積，對應硬幣的種類不受限制。
展開無限相加的無限乘積後，便可全部列出支付方法的所有可能性。經過取乘積，統整同類項，發現x^n項其係數是n的

分拆數。因為 x^n 係數就相當於「n 元的支付方法」的情況數。

　　「係數為分拆數的形式冪級數（formal power series）」，亦即上述無限相加的無限乘積是「分拆數的生成函數」。那麼，$P(x)$ 可如下寫成：

$$
\begin{aligned}
P(x) = &(x^0 + x^1 + x^2 + x^3 + \cdots) \\
&\times (x^0 + x^2 + x^4 + x^6 + \cdots) \\
&\times (x^0 + x^3 + x^6 + x^9 + \cdots) \\
&\times (x^0 + x^4 + x^8 + x^{12} + \cdots) \\
&\times \cdots \\
&\times (x^{0k} + x^{1k} + x^{2k} + x^{3k} + \cdots) \\
&\times \cdots
\end{aligned}
$$

　　然後，轉換一下觀點。假設形式變數 x 是落在範圍 $0 \leqq x < 1$ 的實數，利用等比級數的求和公式，k 元硬幣的貢獻度可表示為下述分數：

$$
x^{0k} + x^{1k} + x^{2k} + x^{3k} + \cdots = \frac{1}{1 - x^k}
$$

$P(x)$ 中出現的無限相加，全部可用這個公式表示為分數。

$$
\begin{aligned}
P(x) = &\frac{1}{1 - x^1} \\
&\times \frac{1}{1 - x^2} \\
&\times \frac{1}{1 - x^3} \\
&\times \frac{1}{1 - x^4} \\
&\times \cdots
\end{aligned}
$$

$$\times \frac{1}{1 - x^k}$$

$$\times \cdots$$

從「無限相加的無限乘積」轉為「分數的無限乘積」，這就是變化為乘積形式的生成函數 $P(x)$。在此用×代替‧：

解答 10-3 （分拆數 P_n 的生成函數 $P(x)$「乘積形式」）

$$P(x) = \frac{1}{1 - x^1} \cdot \frac{1}{1 - x^2} \cdot \frac{1}{1 - x^3} \cdots.$$

就整理到這邊吧。為了解出村木老師問題 10-2 的 P_{15}，我想要求出一般項 P_n。為此，我試圖列出 P_n 的生成函數 $P(x)$，因此設定問題 10-3。結果，如同上面的解答 10-3，得到乘積形式的生成函數 $P(x)$。

接著，我想要思考下一個問題 X。

問題 X

下述函數 $P(x)$ 冪級數展開時的 x^n 係數為何？

$$P(x) = \frac{1}{1 - x^1} \cdot \frac{1}{1 - x^2} \cdot \frac{1}{1 - x^3} \cdots.$$

---

x^n 的係數是 P_n，求解一般項 P_n，以探討問題 10-2 不等式 $P_{15} < 1000$。

「求分拆數一般項」的旅行地圖

分拆數 $\longrightarrow$ 分拆數的一般項 P(x)

$\downarrow$ 問題 10-3

生成函數 P_n $\xleftarrow[\text{問題 X}]{}$ 乘積形式的生成函數 P(x)

講到這裡，我停了下來。

◎　　◎　　◎

「你是想要來個正面突破啊。」米爾迦立即開口接話。

「是的。」

「嗯哼。不過如果只是要證明問題 10-2 的不等式，未必需要求 P_n——對吧？」米爾迦問道。

「呃……理論上……是這樣沒錯……」我開始不安了起來。

「要說為什麼的話，因為我沒有求出一般項 P_n，也沒有求出 P_{15}，就解開了問題 10-2。」米爾迦淡淡地說。

「咦……？」

10.5.2　米爾迦的發表（分拆數的上限）

「想要證明問題 10-2 不等式 $P_{15} < 1000$，未必一定要求出 P_{15} 不可。」

米爾迦說著便取代我，站到了黑板前面。

「就如同蒂蒂所說『非常大的數』，分拆數 P_n 會急遽增加。於是，我打算先探討分拆數 P_n 的**上限**。」

「什麼是上限？」蒂蒂馬上發問。

「所謂上限，是指對任意整數 $n \geq 0$ 滿足 $P_n \leq M(n)$ 的函數 $M(n)$。n 變大時，P_n 雖然也會跟著增加，但卻不會大於 $M(n)$。上限就是這樣的 $M(n)$，存在著無數多個，不只有一個。」

「上面存在極限的意思嗎？」蒂蒂將手放到頭上。

「是的。上限這個名詞有時是常數的意思，但在此不是指常數，$M(n)$ 說到底只是 n 的函數。觀察 P_0、P_1、P_2、P_3、P_4 後，會發現它們分別等於費氏數的 F_1、F_2、F_3、F_4、F_5。」

$$P_0 = F_1 = 1$$
$$P_1 = F_2 = 1$$
$$P_2 = F_3 = 2$$
$$P_3 = F_4 = 3$$
$$P_4 = F_5 = 5$$

米爾迦用手指比出 1、1、2、3，停在 5 的手勢。

「但是，遺憾的是 P_5 不等於 F_6。因為 $P_5 = 7$、$F_6 = 8$，

$$P_5 < F_6$$

——於是，我猜測 $P_n = F_{n+1}$ 這個等式不成立，但

$$P_n \leq F_{n+1}$$

這個不等式可能成立。然後，我實際證明了它確實成立，也就是上限 $M(n) = F_{n+1}$。證明方法用的是數學歸納法。」米爾迦說道。

◎　　◎　　◎

根據費氏數找出分拆數 P_n 的上限

已知分拆數為 $\langle P_n \rangle = \langle 1, 1, 2, 3, 5, 7, \cdots \rangle$，費氏數列為 $\langle F_n \rangle = \langle 0, 1, 1, 2, 3, 5, 8, \cdots \rangle$。此時，對所有整數 $n \geq 0$，下式成立：

$$P_n \leq F_{n+1}$$

以**數學歸納法**證明。

首先，$n=0$、$n=1$ 時，$P_n \leq F_{n+1}$ 成立。

接著，證明對任意整數 $k \geq 0$，

$$\underset{P_k \leq F_{k+1}}{} \overset{\text{且}}{\underset{\wedge}{}} \underset{P_{k+1} \leq F_{k+2}}{} \overset{\text{若…則…}}{\underset{\Longrightarrow}{}} \underset{P_{k+2} \leq F_{k+3}}{}$$

成立即可。

若上式成立，我們可以說：

- 因為 $P_0 \leq F_1$、$P_1 \leq F_2$，所以 $P_2 \leq F_3$。
- 因為 $P_1 \leq F_2$、$P_2 \leq F_3$，所以 $P_3 \leq F_4$。
- 因為 $P_2 \leq F_3$、$P_3 \leq F_4$，所以 $P_4 \leq F_5$。
- 因為 $P_3 \leq F_4$、$P_4 \leq F_5$，所以 $P_5 \leq F_6$……。

　　換句話來講，我們也可以說，對任意整數 $n \geq 0$，$P_n \leq F_{n+1}$ 成立……以上是數學歸納法的解說。為了頭上冒出大問號的蒂蒂，稍微補充說明一下。

　　現在，假設討論「支付 $k+2$ 元的方法」，根據使用的最小面額硬幣，支付方法分成以下 3 種情形：

（1）最小面額的硬幣為①的情況。

（2）最小面額的硬幣為②的情況。

（3）最小面額的硬幣為③以上的情況。

　　然後，進行下述操作，將「支付 $k+2$ 元的方法」轉為「支付 $k+1$ 元的方法」或者「支付 k 元的方法」。

　　（1）最小面額的硬幣為①的情況：去除 1 枚①，則剩下的硬幣變成「支付 $k+1$ 元的方法」。

　　（2）最小面額的硬幣為②的情況：去除 1 枚②，則剩下的硬幣變成「支付 k 元的方法」，且該支付方法的最小面額硬幣不是①。

　　（3）最小面額的硬幣為③以上的情形：假設最小面額硬幣為⑩，將 1 枚⑩硬幣置換如下：

$$② + \underbrace{① + ① + \cdots + ①}_{m-2\ \text{枚}}$$

　　置換後，去除 1 枚②，則剩下的硬幣變成「支付 k 元的方法」，且該支付方法的最小面額硬幣不是①。

　　換句話說，套用上述操作，可由任意「支付 $k+2$ 元的方法」找到「支付 $k+1$ 元的方法」或者「支付 k 元的方法」。此時，所找到的支付方法全部相異，也就是這些支付方法不會互相重複。

　　或許有些難懂，所以來具體操作 $k+2=9$ 的分拆，列表如下。去除的硬幣以雙線劃掉表示，置換的部分以底線表示，多個 1 的部分以刪節號省略。

P_9	(1) P_8 的部分	(2) P_7 的部分	(3) P_7 的部分
9			~~2~~ + 1 + $\cdots$ + 1
8 + 1	8 + ~~1~~		
7 + 2		7 + ~~2~~	
7 + 1 + 1	7 + 1 + ~~1~~		
6 + 3			6 + ~~2~~ + 1
6 + 2 + 1	6 + 2 + ~~1~~		
6 + 1 + 1 + 1	6 + 1 + 1 + ~~1~~		
5 + 4			5 + ~~2~~ + 1 + 1
5 + 3 + 1	5 + 3 + ~~1~~		
5 + 2 + 2		5 + 2 + ~~2~~	
5 + 2 + 1 + 1	5 + 2 + 1 + ~~1~~		
5 + 1 + 1 + 1 + 1	5 + 1 + 1 + 1 + ~~1~~		
4 + 4 + 1	4 + 4 + ~~1~~		
4 + 3 + 2		4 + 3 + ~~2~~	
4 + 3 + 1 + 1	4 + 3 + 1 + ~~1~~		
4 + 2 + 2 + 1	4 + 2 + 2 + ~~1~~		
4 + 2 + 1 + 1 + 1	4 + 2 + 1 + 1 + ~~1~~		
4 + 1 + $\cdots$ + 1 + 1	4 + 1 + $\cdots$ + 1 + ~~1~~		
3 + 3 + 3			3 + 3 + ~~2~~ + 1
3 + 3 + 2 + 1	3 + 3 + 2 + ~~1~~		
3 + 3 + 1 + 1 + 1	3 + 3 + 1 + 1 + ~~1~~		
3 + 2 + 2 + 2		3 + 2 + 2 + ~~2~~	
3 + 2 + 2 + 1 + 1	3 + 2 + 2 + 1 + ~~1~~		
3 + 2 + 1 + 1 + 1 + 1	3 + 2 + 1 + 1 + 1 + ~~1~~		
3 + 1 + $\cdots$ + 1 + 1	3 + 1 + $\cdots$ + 1 + ~~1~~		
2 + 2 + 2 + 2 + 1	2 + 2 + 2 + 2 + ~~1~~		
2 + 2 + 2 + 1 + 1 + 1	2 + 2 + 2 + 1 + 1 + ~~1~~		
2 + 2 + 1 + $\cdots$ + 1 + 1	2 + 2 + 1 + $\cdots$ + 1 + ~~1~~		
2 + 1 + $\cdots$ + 1 + 1	2 + 1 + $\cdots$ + 1 + ~~1~~		
1 + $\cdots$ + 1 + 1	1 + $\cdots$ + 1 + ~~1~~		

　　由於存在這種操作，所以「支付 $k+2$ 元的方法」數字不會超過「支付 $k+1$ 元的方法」加上「支付 k 元的方法」。

　　那麼，由上述討論可知，對所有整數 $k \geqq 0$，分拆數 P_{k+2}、P_{k+1}、P_k 滿足下列不等式：

$$P_{k+2} \leqq P_{k+1} + P_k$$

再來假設

$$P_k \leqq F_{k+1} \quad \overset{\text{且}}{\wedge} \quad P_{k+1} \leqq F_{k+2}$$

若成立，配合上述結論，可知下式亦成立：

$$P_{k+2} \leqq F_{k+2} + F_{k+1}$$

由費氏數的定義，可知右邊等於 F_{k+3}，故下式成立：

$$P_{k+2} \leqq F_{k+3}$$

因此，對任意整數 $k \geqq 0$，

$$\underbrace{P_k \leqq F_{k+1} \quad \overset{且}{\wedge} \quad P_{k+1} \leqq F_{k+2}}_{} \quad \overset{若\cdots則\cdots}{\Longrightarrow} \quad P_{k+2} \leqq F_{k+3}$$

成立。

根據數學歸納法，得證對任意整數 $n \geqq 0$，$P_n \leqq F_{n+1}$ 成立。

嗯，這樣就告一段落了。分拆數 P_n 的前幾個數是費氏數 F_{n+1}——啊，看來工作還沒結束。我們還沒解決問題 10-2，使用 $F_{k+2} = F_{k+1} + F_k$ 列出費氏數的表格。

n	0	1	2	3	4	5	6	7	8	9	10	11	12	13	14	15	16	...
F_n	0	1	1	2	3	5	8	13	21	34	55	89	144	233	377	610	987	...

由表可知 $F_{16} = 987$，如下所示：

$$P_{15} \leqq F_{16} = 987 < 1000$$

換句話說，

$$P_{15} < 1000$$

因此，問題 10-2 不等式成立。

嗯，這樣就真的告一段落了。

沒有求出一般項 P_n 也沒有求出 P_{15}，就證明完畢。

解答 10-2

$P_{15} < 1000$ 成立

　　米爾迦滿意地結束發表。

10.5.3　蒂蒂的發表

　　「那、那個……」換蒂蒂舉手。

　　「好的，蒂蒂，哪邊有問題？」米爾迦指著她。

　　「不，不是問題……我也要發表問題 10-2 的解答。」蒂蒂說道。

　　「嗯哼，那麼就換人吧。」米爾迦遞出粉筆。

　　「啊，沒關係。我的發表很快就結束。我將支付 15 元的方法全部寫出來了，計算後 P_{15} 值是 176，所以說

$$P_{15} = 176 < 1000$$

因此，問題 10-2 不等式成立。」

　　蒂蒂說完，就將筆記本攤開在我們面前。

① × 15	① × 13 + ②
① × 11 + ② × 2	① × 9 + ② × 3
① × 7 + ② × 4	① × 5 + ② × 5
① × 3 + ② × 6	① + ② × 7
① × 12 + ③	① × 10 + ② + ③
① × 8 + ② × 2 + ③	① × 6 + ② × 3 + ③
① × 4 + ② × 4 + ③	① × 2 + ② × 5 + ③
② × 6 + ③	① × 9 + ③ × 2
① × 7 + ② + ③ × 2	① × 5 + ② × 2 + ③ × 2
① × 3 + ② × 3 + ③ × 2	① + ② × 4 + ③ × 2
① × 6 + ③ × 3	① × 4 + ② + ③ × 3
① × 2 + ② × 2 + ③ × 3	② × 3 + ③ × 3
① × 3 + ③ × 4	① + ② + ③ × 4
③ × 5	① × 11 + ④
① × 9 + ② + ④	① × 7 + ② × 2 + ④
① × 5 + ② × 3 + ④	① × 3 + ② × 4 + ④
① + ② × 5 + ④	① × 8 + ③ + ④
① × 6 + ② + ③ + ④	① × 4 + ② × 2 + ③ + ④
① × 2 + ② × 3 + ③ + ④	② × 4 + ③ + ④
① × 5 + ③ × 2 + ④	① × 3 + ② + ③ × 2 + ④
① + ② × 2 + ③ × 2 + ④	① × 2 + ③ × 3 + ④
② + ③ × 3 + ④	① × 7 + ④ × 2
① × 5 + ② + ④ × 2	① × 3 + ② × 2 + ④ × 2
① + ② × 3 + ④ × 2	① × 4 + ③ + ④ × 2
① × 2 + ② + ③ + ④ × 2	② × 2 + ③ + ④ × 2
① + ③ × 2 + ④ × 2	① × 3 + ④ × 3
① + ② + ④ × 3	③ + ④ × 3
① × 10 + ⑤	① × 8 + ② + ⑤
① × 6 + ② × 2 + ⑤	① × 4 + ② × 3 + ⑤
① × 2 + ② × 4 + ⑤	② × 5 + ⑤

①×7+③+⑤	①×5+②+③+⑤
①×3+②×2+③+⑤	①+②×3+③+⑤
①×4+③×2+⑤	①×2+②+③×2+⑤
②×2+③×2+⑤	①+③×3+⑤
①×6+④+⑤	①×4+②+④+⑤
①×2+②×2+④+⑤	②×3+④+⑤
①×3+③+④+⑤	①+②+③+④+⑤
③×2+④+⑤	①×2+④×2+⑤
②+④×2+⑤	①×5+⑤×2
①×3+②+⑤×2	①+②×2+⑤×2
①×2+③+⑤×2	②+③+⑤×2
①+④+⑤×2	⑤×3
①×9+⑥	①×7+②+⑥
①×5+②×2+⑥	①×3+②×3+⑥
①+②×4+⑥	①×6+③+⑥
①×4+②+③+⑥	①×2+②×2+③+⑥
②×3+③+⑥	①×3+③×2+⑥
①+②+③×2+⑥	③×3+⑥
①×5+④+⑥	①×3+②+④+⑥
①+②×2+④+⑥	①×2+③+④+⑥
②+③+④+⑥	①+④×2+⑥
①×4+⑤+⑥	①×2+②+⑤+⑥
②×2+⑤+⑥	①+③+⑤+⑥
④+⑤+⑥	①×3+⑥×2
①+②+⑥×2	③+⑥×2
①×8+⑦	①×6+②+⑦
①×4+②×2+⑦	①×2+②×3+⑦
②×4+⑦	①×5+③+⑦
①×3+②+③+⑦	①+②×2+③+⑦
①×2+③×2+⑦	②+③×2+⑦

①×4＋④＋⑦	①×2＋②＋④＋⑦
②×2＋④＋⑦	①＋③＋④＋⑦
④×2＋⑦	①×3＋⑤＋⑦
①＋②＋⑤＋⑦	③＋⑤＋⑦
①×2＋⑥＋⑦	②＋⑥＋⑦
①＋⑦×2	①×7＋⑧
①×5＋②＋⑧	①×3＋②×2＋⑧
①＋②×3＋⑧	①×4＋③＋⑧
①×2＋②＋③＋⑧	②×2＋③＋⑧
①＋③×2＋⑧	①×3＋④＋⑧
①＋②＋④＋⑧	③＋④＋⑧
①×2＋⑤＋⑧	②＋⑤＋⑧
①＋⑥＋⑧	⑦＋⑧
①×6＋⑨	①×4＋②＋⑨
①×2＋②×2＋⑨	②×3＋⑨
①×3＋③＋⑨	①＋②＋③＋⑨
③×2＋⑨	①×2＋④＋⑨
②＋④＋⑨	①＋⑤＋⑨
⑥＋⑨	①×5＋⑩
①×3＋②＋⑩	①＋②×2＋⑩
①×2＋③＋⑩	②＋③＋⑩
①＋④＋⑩	⑤＋⑩
①×4＋⑪	①×2＋②＋⑪
②×2＋⑪	①＋③＋⑪
④＋⑪	①×3＋⑫
①＋②＋⑫	③＋⑫
①×2＋⑬	②＋⑬
①＋⑭	⑮

米爾迦迅速確認蒂蒂列舉的支付方法。

「……沒有錯誤。這是……蒂蒂堅持到底的勝利。」米爾迦露出苦笑，摸了摸蒂蒂的頭。

「嘿嘿，終於沒有算錯了。」蒂蒂說道。

我則是啞口無言。

10.6 教室

返回教室拿書包的我，心情突然變得很差。

我坐到自己的座位，趴在桌子上。

固執地求出一般項 P_n 是敗因，題目不是都特地寫出不等式了嗎？我自視甚高，求出生成函數，卻對解題沒有任何幫助。

真不甘心。

拿到問題後發現終點看起來很遠。為了解決問題，我將其拆解成較小的問題，尋找著抵達終點的道路，但卻走錯了路。我以為能夠跟費氏數、卡塔蘭數一樣，找到分拆數的一般項。

真不甘心。

有人走進教室，這個腳步聲——是米爾迦。腳步聲逐漸靠近。

「怎麼了？」是米爾迦的聲音。

我沒有回答，繼續趴在桌上。

「嗯哼——真陰暗啊。」

在靜謐的教室中，米爾迦沒有任何動作。

一片寂靜。

我認輸地抬起頭。

她的表情不像平常一樣悠閒，而是帶著困惑。不久，米爾迦比出手勢。

1　1　2　3

這是費氏手勢，是數學愛好者打招呼的方式。但是，我現在沒有心情回應她。

米爾迦將手揹到背後，朝著旁邊說道：

「……蒂蒂，很可愛呢……」

我沒有回答。

「我沒辦法像她一樣可愛……」

我──沒有回答。

教室的擴音器響起德弗札克（Antonin Dvorak）的〈念故鄉〉（*Goin' Home*）。

「……沒解出來──我走錯路了。」我說道。

「嗯哼……」米爾迦說：「……在地球的各個角落，在浩瀚的時間長河中，數學家們探求了各種問題的解答，經常會遇到毫無斬獲就結束的情況。那麼，他們的探求沒有意義嗎？當然不是。若沒有探求，就連找不找得到也無從得知；若沒有嘗試，就連做不做得到也無從得知……我們是旅人，可能會有疲倦的時候，或許會有走錯路的時候。即便如此，我們仍然持續旅行。」

「我……裝成很懂的樣子，得意洋洋地求生成函數，但卻對解決問題沒有幫助……像個笨蛋一樣。」我說道。

「那麼……」米爾迦朝向我說道：「……那麼，就由我來找出，能夠用你找到的生成函數 $P(x)$ 來解決的問題吧。」她微笑道。

米爾迦再次揮動手指比出費氏手勢。

$$1 \quad 1 \quad 2 \quad 3...$$

接著她張開手掌，回應自己的手勢。

$$...5$$

然後，她將張開的手掌伸向坐在座位上的我，溫暖的手指觸碰到我的臉龐。

「若是疲倦了，就休息一下；若是走錯路，就往回走吧——這些都是我們的旅程。」

她說完便前傾身子，倏地湊近臉龐。

我們的眼鏡差點就要撞在一起。

鏡片的後面是那深邃的瞳孔。

然後，

她稍微將臉傾了過來，

緩緩地——

「如果瑞谷老師這時出現了，會嚇一跳吧。」我不經意地說道。

「閉嘴。」米爾迦說道。

10.7　尋找更好上限的漫長旅程

過了幾天。

放學後，米爾迦突然對我說：

「我找到比費氏數更好的上限了，你來聽聽看。對了，記得也要找蒂蒂來。」

10.7.1　從生成函數出發

米爾迦拿起粉筆，站上講台。

蒂蒂和我被叫了出來，坐在教室的最前排聽她「講課」。教室裡除了我們三個人以外沒有其他人。

「求分拆數 P_n 的上限，就是求滿足 $P_n \leq M(n)$ 的 $M(n)$。前陣子證明了費氏數為分拆數的上限。現在，我們來求更好的上

限吧。」

「更好的上限，是指比費氏數還要小的上限嗎？」蒂蒂舉手發問。

「是的。不過，這是 n 相當大時的情況。」米爾迦簡單答道。

然後，她瞇起眼睛說：「我們的起點是生成函數。」

◎　　◎　　◎

我們的起點是生成函數。首先，試著討論分拆數 P_n 與生成函數 $P(x)$ 的大小關係，假設範圍落在 $0 < x < 1$，則 P_n 乘以 x^n 的式子會小於 $P(x)$。

$$P_n x^n < P(x)$$

因為生成函數的定義中包含 $P_n x^n$。在下式中，右邊各項皆為正數，所以左邊當然會小於右邊。

$$\underline{P_n x^n} < P_0 x^0 + P_1 x^1 + \cdots + \underline{P_n x^n} + \cdots$$

然而，我們還知道生成函數 $P(x)$ 的另一種形式。沒錯，就是乘積形式（此時，她瞄了我一眼），所以右邊可變形如下：

$$P_n x^n < \frac{1}{1-x^1} \cdot \frac{1}{1-x^2} \cdot \frac{1}{1-x^3} \cdots$$

兩邊同除 x^n。

$$P_n < \frac{1}{x^n} \cdot \frac{1}{1-x^1} \cdot \frac{1}{1-x^2} \cdot \frac{1}{1-x^3} \cdots$$

右邊會大於 P_n，也就是成為上限的候補，但無限乘積不好處理，所以限制枚數最多到 n 枚，用有限乘積繼續討論如下。

$$P_n \leq \frac{1}{x^n} \cdot \frac{1}{1-x^1} \cdot \frac{1}{1-x^2} \cdot \frac{1}{1-x^3} \cdots \cdot \frac{1}{1-x^n}$$

那麼，到這個不等式為止還算單純，但右邊的乘積仍然不好處理。需要稍微動一下頭腦。

——我是這樣想的：既然乘積很麻煩，那就轉為相加吧。乘積該怎麼轉為相加呢？

10.7.2 「第一個轉角」積變成和

「取對數就行了。取對數後，乘積就會變成相加。」我說道。

「沒錯。」米爾迦答道。

◎　　◎　　◎

沒錯。

$$P_n \leq \frac{1}{x^n} \cdot \frac{1}{1-x^1} \cdot \frac{1}{1-x^2} \cdot \frac{1}{1-x^3} \cdots \cdot \frac{1}{1-x^n}$$

兩邊取對數是「第一個轉角」，我們從家裡出發，從「找尋 P_n 上限的道路」轉到「找尋 $\log_e P_n$ 上限的道路」。蒂蒂，沒問題吧？雖然分開討論很重要，但也不可迷失大方向哦。

$$\log_e(P_n) \leq \log_e \left(\frac{1}{x^n} \cdot \frac{1}{1-x^1} \cdot \frac{1}{1-x^2} \cdot \frac{1}{1-x^3} \cdots \cdot \frac{1}{1-x^n} \right)$$

取對數後，乘積就會變成相加，得到下式：

$$\begin{aligned}
\log_e P_n \leq &\ \log_e \frac{1}{x^n} \\
&+ \log_e \frac{1}{1-x^1} + \log_e \frac{1}{1-x^2} + \log_e \frac{1}{1-x^3} + \cdots + \log_e \frac{1}{1-x^n}
\end{aligned}$$

冗長的式子有點煩人。使用 $\sum$ 這樣改寫，意義是一樣的。

$$\log_e P_n \leqq \log_e \frac{1}{x^n} + \sum_{k=1}^{n} \left(\log_e \frac{1}{1-x^k} \right)$$

那麼，問題在此分成東西兩條路——「岔路」。待會還會回來，要記住這個位置。

$$\log_e P_n \leqq \underbrace{\log_e \frac{1}{x^n}}_{（西邊山丘）} + \underbrace{\sum_{k=1}^{n} \left(\log_e \frac{1}{1-x^k} \right)}_{（東邊森林）}$$

往西前進有山丘，往東前進有森林。

10.7.3 「東邊森林」泰勒展開式

先討論「東邊森林」吧。

$$「東邊森林」= \sum_{k=1}^{n} \left(\log_e \frac{1}{1-x^k} \right)$$

東邊森林長著 n 棵樹木，求構成「東邊森林」的「東邊樹木」，也就是求 $\log_e \frac{1}{1-x^k}$ 的上限。

這裡的問題是討論下面函數：

$$「東邊樹木」= \log_e \frac{1}{1-x^k}$$

為了簡單起見，令 $t=x^k$ 來討論函數 $f(t)$。

$$f(t) = \log_e \frac{1}{1-t}$$

我們想要研究函數 $f(t)$，該怎麼做才好呢？來，蒂蒂，怎麼辦呢？

◎　◎　◎

「哎？我嗎？可是，我不太瞭解 log 是什麼……對不起。」

「仔細看一下函數 $f(t)$ 右邊。蒂蒂，妳不是說『一輩子都不會忘記』嗎？」

「啊──泰勒展開式！」

「沒錯。以泰勒展開將 $f(t)$ 改寫成冪級數吧。」米爾迦說。

◎　◎　◎

以泰勒展開將 $f(t)$ 改寫成冪級數吧。

由於會用到對數函數微分與合成函數微分，這裡只寫出結果。

函數 $f(t) = \log_e \frac{1}{1-t}$ 泰勒展開為冪級數如下：

$$\text{「東邊樹木」} = \log_e \frac{1}{1-t}$$
$$= \frac{t^1}{1} + \frac{t^2}{2} + \frac{t^3}{3} + \cdots \qquad \text{其中，} 0 < t < 1 \text{。}$$

代入 $t = x^k$，就可得到「東邊樹木」的冪級數展開。

$$\log_e \frac{1}{1-x^k} = \frac{x^{1k}}{1} + \frac{x^{2k}}{2} + \frac{x^{3k}}{3} + \cdots \qquad \text{其中，} 0 < x^k < 1 \text{。}$$

用這個式子取關於 $k = 1, 2, 3, \cdots, n$ 的總和，也就是用「東邊樹木」組成「東邊森林」。

$$\text{「東邊森林」} = \sum_{k=1}^{n} \text{「東邊樹木」}$$
$$= \sum_{k=1}^{n} \log_e \frac{1}{1-x^k}$$

泰勒展開：

$$= \sum_{k=1}^{n} \left(\frac{x^{1k}}{1} + \frac{x^{2k}}{2} + \frac{x^{3k}}{3} + \cdots \right)$$

內部總和改用 $\sum$ 表達：

$$= \sum_{k=1}^{n} \left(\sum_{m=1}^{\infty} \frac{x^{mk}}{m} \right)$$

交換相加的順序：

$$= \sum_{m=1}^{\infty} \left(\sum_{k=1}^{n} \frac{x^{mk}}{m} \right)$$

由於 m 不受內部 $\sum$ 約束，所以將 $\frac{1}{m}$ 提出來。

$$= \sum_{m=1}^{\infty} \left(\frac{1}{m} \sum_{k=1}^{n} x^{mk} \right)$$

展開內部的 $\sum$，確認自己的理解是否正確。

$$= \sum_{m=1}^{\infty} \frac{1}{m} \left(x^{1m} + x^{2m} + x^{3m} + \cdots + x^{nm} \right)$$

　　中途交換了相加的順序，當無窮級數交換相加的順序，需要小心注意，但在此不深入討論。

　　那麼，休息一下。現在要求的是上限，必須試著找出大於「東邊森林」的式子，將有限相加轉為無限相加，求得不等式。轉為無限相加是為了套用等比級數的求和公式。繼續往下討論吧。

$$\text{「東邊森林」} = \sum_{m=1}^{\infty} \frac{1}{m} \left(x^{1m} + x^{2m} + x^{3m} + \cdots + x^{nm} \right)$$

將內側的有限相加轉為無限相加，形成不等式。

$$< \sum_{m=1}^{\infty} \frac{1}{m} \left(x^{1m} + x^{2m} + x^{3m} + \cdots + x^{nm} + \cdots \right)$$

假設 $0 < x^m < 1$，套用等比級數公式：

$$= \sum_{m=1}^{\infty} \frac{1}{m} \cdot \frac{x^m}{1 - x^m}$$

這邊再度停下來一下，即便不算出最後的式子也沒關係。由於現在要求的是上限，只要找出更大的式子就行了。注意分數 $\frac{x^m}{1-x^m}$ 下的分母 $1-x^m$，將這個分母換成更小的式子後，即可得到不等式。

明白嗎？這裡做的事情是，交換「轉為更容易處理的式子」與「求得大一點的式子」，代替更容易處理的式子，直接妥協成大一點的上限。每次妥協都會出現不等號。

那麼，繼續討論「東邊森林」吧。

$$\text{「東邊森林」} < \sum_{m=1}^{\infty} \frac{1}{m} \cdot \frac{x^m}{1 - x^m}$$

因式分解分母：

$$= \sum_{m=1}^{\infty} \frac{1}{m} \cdot \frac{x^m}{(1-x)\underbrace{(1 + x + x^2 + \cdots + x^{m-1})}_{m \text{ 個}}}$$

將分母右邊的括號全部換成 x^{m-1} 相加，形成不等式：

$$< \sum_{m=1}^{\infty} \frac{1}{m} \cdot \frac{x^m}{(1-x)\underbrace{(x^{m-1} + x^{m-1} + \cdots + x^{m-1})}_{m \text{ 個}}}$$

將 m 個 x^{m-1} 表示為乘積：

$$= \sum_{m=1}^{\infty} \frac{1}{m} \cdot \frac{x^m}{(1-x) \cdot m \cdot x^{m-1}}$$

◎　◎　◎

「整理完這個式子，蒂蒂會脫口大叫哦。」米爾迦對蒂蒂露出不懷好意的微笑。

「哎？米爾迦學姐，為什麼我會大叫？」

「那就來試試吧。」

$$\text{「東邊的森林」} < \sum_{m=1}^{\infty} \frac{1}{m} \cdot \frac{x^m}{(1-x) \cdot m \cdot x^{m-1}}$$

整理式子：

$$= \sum_{m=1}^{\infty} \frac{1}{m^2} \cdot \frac{x}{1-x}$$

將未受到 $\sum$ 約束的因式提出來……

$$= \frac{x}{1-x} \cdot \sum_{m=1}^{\infty} \frac{1}{m^2}$$

「啊，啊啊啊啊啊啊啊！」

「看吧。」

「巴塞爾問題！這是 $\frac{\pi^2}{6}$ ！」蒂蒂叫道。

「沒錯。」米爾迦豎起食指。

◎　◎　◎

沒錯。在此不妨心懷感激，使用歐拉老師解出的巴塞爾問題的答案吧。

$$\sum_{m=1}^{\infty} \frac{1}{m^2} = \frac{\pi^2}{6} \qquad \textbf{巴塞爾問題}$$

以此進一步討論。

$$\begin{aligned}
\text{「東邊森林」} &= \sum_{k=1}^{n} \log_e \frac{1}{1-x^k} \\
&< \frac{x}{1-x} \cdot \sum_{m=1}^{\infty} \frac{1}{m^2} \\
&= \frac{x}{1-x} \cdot \frac{\pi^2}{6} \qquad \textbf{巴塞爾問題}
\end{aligned}$$

「東邊森林」討論就到這裡。

對了，為了方便後面的計算，令 $t = \dfrac{x}{1-x}$ 吧。這樣一來，「東邊森林」可討論如下：

「東邊森林」的上限

$$\sum_{k=1}^{n} \log_e \frac{1}{1-x^k} < \frac{\pi^2}{6}t \qquad \text{其中，} t = \frac{x}{1-x}$$

10.7.4　「西邊山丘」調和數

旅程已經過了一半，返回「岔路」，改朝「西邊山丘」前進。

假設 $0 < x < 1$，接著討論 $\log_e \frac{1}{x^n}$ 吧。

跟剛才一樣，令 $t = \frac{x}{1-x}$。這樣一來，就能將 $0 < x < 1$ 說成是 $0 < t$，且 $x = \frac{t}{1+t}$。

$$\text{「西邊山丘」} = \log_e \frac{1}{x^n}$$

$$= n \log_e \frac{1}{x} \qquad \textbf{由} \log_e a^n = n \log_e a \textbf{ 得到}$$

$$= n \log_e \frac{t+1}{t} \qquad \textbf{將} x \textbf{ 換成 } t$$

$$= n \log_e \left(1 + \frac{1}{t}\right)$$

焦點放到 $\log_e \left(1 + \frac{1}{t}\right)$，令 $u = \frac{1}{t}$，探討 $u > 0$ 時，$\log_e (1 + u)$ 的變化方式與探討調和數的情況十分類似，試著畫出平緩的「西邊山丘」吧。

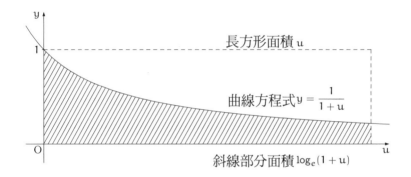

因此，$u > 0$ 時，斜線部分面積小於長方形面積，可說

$$\log_e (1 + u) < u$$

代回 $u = \frac{1}{t}$，

$$\log_e \left(1 + \frac{1}{t}\right) < \frac{1}{t}$$

因此，可得下式：

$$\log_e \frac{1}{x^n} = n \log_e \left(1 + \frac{1}{t}\right) < \frac{n}{t}$$

以上是「西邊山丘」的討論。

「西邊山丘」的上限

$$\log_e \frac{1}{x^n} < \frac{n}{t} \qquad t > 0$$

其中，$t = \frac{x}{1-x}$。

10.7.5　旅程的終點

那麼，再返回一次「岔路」吧。快點、快點。

運用「東邊森林」與「西邊山丘」討論 $\log_e P_n$，如下所示：

$$\log_e P_n < \frac{n}{t} + \frac{\pi^2}{6}t \qquad\qquad t > 0$$

就差一點了。將上面右邊出現的式子命名為 $g(t)$，求函數 $g(t)$ 在 $t>0$ 時的最小值，這個最小值能夠壓住 $\log_e P_n$ 的頭。

$$g(t) = \frac{n}{t} + \frac{\pi^2}{6}t$$

$$g'(t) = -\frac{n}{t^2} + \frac{\pi^2}{6} \qquad\qquad 微分$$

求解方程式 $g'(t)=0$ 得到 $t = \pm\frac{\sqrt{6n}}{\pi}$，所以在 $t>0$ 的範圍，可得到下面的增減表。

t	0	$\cdots$	$\dfrac{\sqrt{6n}}{\pi}$	$\cdots$
$g'(t)$		$-$	0	$+$
$g(t)$		$\searrow$	最小	$\nearrow$

故最小值如下所示：

$$g\left(\frac{\sqrt{6n}}{\pi}\right) = \frac{\sqrt{6}\,\pi}{3} \cdot \sqrt{n}$$

為了方便理解，畫出圖形如下。求解方程式 $g'(t)=0$，就是找到圖形切線為水平的點。

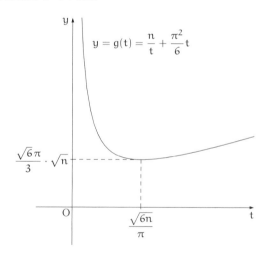

終於來到高潮的部分。現在要注意的是 n，把繁瑣的常數統整起來，命名為 K。

$$\log_e P_n < K \cdot \sqrt{n} \quad \textbf{其中，} K = \frac{\sqrt{6}\,\pi}{3}$$

前面在「第一個轉角」取了對數。所以現在要將對數還原，返回轉角後就能看見家了。

$$P_n < e^{K \cdot \sqrt{n}} \qquad \text{其中，} K = \frac{\sqrt{6}\,\pi}{3}$$

嗯，這樣終於告一段落了。

雖然是趟漫長的旅程，但終於回到家了呢——歡迎回來。

分拆數 P_n 的上限之一

$$P_n < e^{K \cdot \sqrt{n}} \qquad \text{其中，} K = \frac{\sqrt{6}\,\pi}{3}$$

求 $\log_e P_n$ 上限 $\dfrac{\sqrt{6}\,\pi}{3} \cdot \sqrt{n}$ 的旅行地圖

$$\boxed{\log_e P_n}$$

$$\Big\downarrow {\scriptstyle \leqq}$$

$$\underbrace{\log_e \frac{1}{x^n}}_{\text{(西邊山丘)}} + \underbrace{\sum_{k=1}^{n} \left(\log_e \frac{1}{1-x^k} \right)}_{\text{(東邊森林)}}$$

$$\Big\downarrow$$

「西邊山丘」 $\longleftarrow$ 「岔路」 $\longrightarrow$ 「東邊森林」

$$\Big\downarrow {\scriptstyle <} \qquad\qquad\qquad\qquad\qquad\qquad \Big\downarrow {\scriptstyle <}$$

$$\dfrac{n}{t} \qquad \longrightarrow \qquad \dfrac{n}{t} + \dfrac{\pi^2}{6} t \qquad \longleftarrow \qquad \dfrac{\pi^2}{6} t$$

$$\Big\downarrow {\scriptstyle \text{最小值}}$$

$$\boxed{\dfrac{\sqrt{6}\,\pi}{3} \cdot \sqrt{n}}$$

10.7.6　蒂蒂的回顧

　　蒂蒂和我一起享受了米爾迦這趟漫長的旅程，雖然有幾個地方還需自行確認，但漫長旅程結束……追逐完數學式後，感覺鬆了一口氣。

　　我看向蒂蒂，她一臉認真地沒有說話。

　　「喂，蒂蒂，妳是不是覺得心情低落？」我小聲問道。

　　「不！怎麼會，我一點都不沮喪哦。」蒂蒂開朗笑道：「雖然米爾迦學姐的推導我還有許多不明白的地方，但我並不

沮喪，因為也有幾個我瞭解的地方。」

蒂蒂點了點頭繼續說道：

「總覺得好像有點用腦過度。這真是趟漫長的旅程。雖然還有許多沒有消化完的地方，但已經抓到了大方向。而且，出現許多武器也很有趣，我覺得能夠運用手中的武器這點很厲害。」

- 將有限相加變成無限相加，形成不等式。
- 代替已轉為便利的形式，稍微放寬上限。
- 為了相加乘積而取對數。
- 運用無窮級數的求和公式。
- 遇到困難時運用泰勒展開式。
- 遇到麻煩時運用變數轉換。
- 歐拉老師的巴塞爾問題。
- 為了求最小值，微分製作增減表……

「得到武器後，自己努力鑽研，然後去挑戰問題。我能夠感受到這樣的躍動感。不是一味求解已經有定論的問題，而是傳達了歷歷在目的畫面……從『第一個轉角』到『岔路』，再到『東邊森林』與『西邊山丘』……我也想自己去發現這些東西！想要學習更多知識！……米爾迦學姐，謝謝妳。雖然我還無法善用這些武器，還必須先想辦法獲得武器……但是，我會加油的。」

蒂蒂握緊拳頭。

10.8　再見！明天見

我們三個人在回家的路上繼續討論數學，像是剛才的上

限，比費氏數列更好的上限 n 為多少？最後要求出 P_n 嗎？諸如此類。蒂蒂興奮地提出問題，然後我來回答，米爾迦偶爾穿插她的評論——我們不斷互動著。

不久……踏上一如往常的歸途，前往一如往常的車站。
米爾迦平時會一個人快步離去，但今天蒂蒂卻跟她一起走。
「咦？蒂蒂，為什麼妳往那邊走？」
「嘿嘿，今天要和米爾迦學姐一起去書店。」
啊，原來如此……感情真好。
「我們先走了，明天見。」米爾迦說道。
「學長！明天再一起討論數學哦！」
蒂蒂大聲說完，就和米爾迦並肩離去。

兩人離去，
留下我一個人。

唉——明明剛才還在熱烈互動，如今卻突然只剩下我一個人……總覺得有點寂寞。
我們現在還就讀同一所高中，但總有一天會分道揚鑣，走向自己的前程。無論再怎麼共有，我們能在一起的時空依然有限，結束終將來臨。我的胸口痛了起來。
……不遠處，蒂蒂正在米爾迦耳邊說些什麼，然後，兩人一起轉向我這邊。

怎麼了嗎？

蒂蒂高舉右手，劇烈地揮動。
米爾迦則是靜靜地舉起右手。
兩人同時比出手指。

「一、一、二、三……」是蒂蒂的聲音。

啊，費氏手勢，而且還是兩人份。

我露出苦笑。

沒錯，時間確實是有限的，結束也終將來臨。但正因為如此，才要更努力學習、全力以赴前進，享受著我們那名為數學的語言。

因為——「數學是超越時間的」。

我高舉雙手，張開手掌，回應兩位數學女孩。

米爾迦。

蒂蒂。

明天再一起討論數學吧！

於是，我們決定在這邊演繹故事。
雖然我們可由衷地說，
他們從此過著幸福快樂的日子，
但對他們而言，接下來才是真正故事的開始。
在這世上度過的一生、在納尼亞經歷過的所有冒險，
都不過是書本的封面與扉頁。
——C・S・路易斯（Lewis）《最後的戰役》（*The Last Battle*）

尾聲

——春天。

「老師！」

一位女孩跑進教師辦公室。

「老師，你看你看，學年徽章變成 II 了。」

「當然啊，因為是新學期……所以，報告呢？」

「好——的，我當然有帶來——這次是用土法煉鋼算出 P_{15} 等於 176，所以小於 1000，證明完畢。老師，怎麼樣？」

女孩攤開筆記本。

「嗯，正確——原來如此，全部寫出來啊。」

「沒辦法用頭腦解開的時候，就只能夠動手解決。不過，176 和 1000 也差太多了吧！……對了，老師，是否有表示分拆數一般項 P_n 的式子？」

「姑且算是有吧。」

解答 X　（表示分拆數一般項 P_n 的式子）

$$P_n = \frac{1}{\pi\sqrt{2}} \sum_{k=1}^{\infty} A_k(n)\sqrt{k} \frac{\mathrm{d}}{\mathrm{d}n}\left(\frac{\sinh \dfrac{C\sqrt{n-\frac{1}{24}}}{k}}{\sqrt{n-\frac{1}{24}}} \right)$$

其中，$C = \pi\sqrt{\frac{2}{3}}$。

「……老師，這個複雜的式子是什麼？」

「很驚人吧。這是 Hans Rademacher 於 1937 年發表的式子。」

「哦……不，等一下，這個 $A_k(n)$ 是什麼？沒有任何說明哦。」

「喔，妳注意到了啊，這代表妳有仔細看這個數學式。雖然老師沒辦法簡單說明 $A_k(n)$，但 $A_k(n)$ 會出現在 1 的 24 次方根，算是一種有限相加。如果想要瞭解細節，只能翻閱論文了。」

「嗚，閱讀論文啊……」

「總之，整數的分拆還隱藏著許多神奇的『寶物』喔。」

「老師，先別管數學……這張照片是老師的女朋友嗎？拍攝地點……是歐洲嗎？」

「好了、好了，不要擅自看別人的信。」

「哎呀，這封信又是不一樣的女生？這張照片……不在日本，是在哪裡呢？」

「喂，別拿走。」

「老師很受歡迎嘛！」女孩呵呵地笑著。

「不是妳想的那樣。她們兩人——是老師很重要的朋友，從高中時代就一起在數學世界旅行。」

「嘿——老師也有高中時代啊。」

「當然有啊。好了，快回去、快回去。」

「拿到新的卡片，我就會回去。」

我遞出卡片，女孩雙手接過。

「哎？老師……這次有兩張？」

「是的，這張是妳的，另外一張是他的。」

「啊，好的。打擾了！」

女孩微笑著用手指比出四次手勢。

我張開手掌回應後，她就滿足地離開教師辦公室。

春天啊——

看著教師辦公室窗外盛開的櫻花，我回想起當年的情景。

想要將手張得更大一點
採摘更多豐碩的果實，
有待讀者的努力。
——歐拉〔25〕

後記

我是結城浩。

我對數學的「憧憬」感覺就像是男孩對女孩抱持的情感。

想要解開困難的數學問題，卻總是苦於找不到答案，甚至連一點線索都沒有。然而這些問題有著莫名的魅力，令人無法忘懷。當中肯定潛藏著某種美好的東西。

想要知道她的心意，她喜歡我嗎？無從得知答案，令人感到焦慮，腦海裡總是浮現她的倩影。

不曉得這本書有沒有將這種心情傳達給你呢？

我在二○○二年寫出本書的原稿，公開在網站上，有許多讀者熱心留言支持我。如果沒有那些迴響，大概就不會湧現出版《數學女孩》的念頭吧。我要在此再次致上感謝之意。

日文原書使用 LʌTEX2ε 與 Euler Font（AMS Euler）排版字型。冠上歐拉名字的 Euler Font，是 Hermann Zapf 提出的數學式字型，設計成宛若出自字跡漂亮的數學家手寫字體。

排版參考奧村晴彥老師的《LʌTEX2ε 美文書作成入門》。非常感謝。

部分的圖版採用大熊一弘先生（tDB 先生）所開發的「初等數學プリント作成マクロ emath」。非常感謝。

感謝下列各位閱讀原稿並給予寶貴的意見。

　　　青木久雄先生、青木峰郎先生、上原隆平先生、植村
　　光秀先生、金矢八十男先生（Gascon研究所）、川島稔哉
　　先生、田崎晴明先生、前原正英先生、三宅喜義先生、矢
　　野勉先生、山口健史先生、吉田有子小姐。

　　感謝所有讀者、造訪我網站的朋友們，以及總是為我祈禱
的基督教教友。

　　感謝在本書完成之前以無比耐心支持我的野澤喜美男總編
輯，以及企劃本書時大力協助的中島綾子小姐。

　　感謝我最愛的妻子以及兩位兒子，特別是給予原稿建議的
長男。

　　我想要將本書獻給我們的老師——李昂哈德·歐拉。

　　感謝各位讀者閱讀本書，期望有緣再次相見。

結城浩

2007年，於歐拉誕生300年的春天

http://www.hyuki.com/girl/

參考文獻與推薦書籍

「參考文獻與推薦書籍」是按照下述順序分類，但這畢竟僅是一種分類標準。

- 一般讀物
- 高中生層次
- 大學生層次
- 研究生、專業者層次
- 網頁

一般讀物

[1] G．波利亞，蔡坤憲譯，《怎樣解題》，天下文化，ISBN：986-417-724-9，2018 年中文版。

　　以數學教育為題材，講解如何解題的歷史名著，堪稱學習者必讀的書籍。

[2] 芳沢光雄，《算数・数学が得意になる本》，講談社現代新書，ISBN：4-06-149840-1，2006 年日文版。

　　介紹許多小學算術、國中數學、高中數學的「瓶頸」，如方程式與恆等式、絕對值等等，整理了許多學習算術與數學的人容易犯下的錯誤。

[3] 結城浩，《程式設計必修的數學課》，中文版世茂出版，

ISBN：9789865408459，2021 年。

學習有助於程設的「數學思維」入門書，講解邏輯、數學歸納法、排列組合、反證法等等。http://www.hyuki.com/math/

[4] Douglas R・Hofstadter，野崎昭弘等譯，《哥德爾、埃舍爾、巴赫：永恆的黃金穗帶（Gödel, Escher, Bach: an Eternal Golden Braid）》，白揚社，ISBN：4-8269-0025-2，1985 年日文版。

以哥德爾、埃舍爾、巴赫三人為題，敘述關於自身指涉（self-reference）、回歸性、知識表示、人工智慧等的讀物。米爾迦與英英彈奏的無限上升無窮音階，是參考第 20 章最後的「Sheppard 音階」。另外，白揚社亦有出版《20 週年紀念版》（2005 年日文版）。

[5] Douglas R・Hofstadter，竹內郁雄等譯，《Meta magic Game：科學與藝術的拼圖遊戲》，白揚社，ISBN：4-8269-0043-0，1990 年日文版。

統整 Scientific American 雜誌中的連載文章與補充內容，從魔術方塊的解法到核心問題，網羅相當廣泛的主題。另外，白揚社亦有發行《20 週年紀念版》（2005 年日文版）。

[6] Marcus du Sautoy，富永星譯，《質數的音樂》（*The Music of the Primes*），新潮社，ISBN：4-10-590049-8，2005 年日文版。

收錄眾多數學家處理的質數問題，內容以鑑賞「音樂」的角度描述，尤其有關 ζ 函數的零點與質數定理的故事，令人印象深刻。

[7] E. A. Fellmann，山本敦之譯，《歐拉的生涯與其成就》

（*Leonhad Euler*），Springer Verlag 東京，ISBN：4-431-70928-2，2002 年日文版。

歐拉的傳記。描述歐拉在各個領域的活躍情況，以及與周遭人士如何互動的情京。

[8] 神奈川大學宣傳委員會編，《17 音の青春 2006——五七五で綴る高校生のメッセーヅ》，NHK 出版，ISBN：4-14-016142-6，2006 年日文版。

收錄日本「神奈川大學全國高中生俳句大賞」高中生俳句作品集，俳句字數 5 ＋ 7 ＋ 5 ＝ 17 也是質數。

高中生層次

[9] 中村滋，《フィボナッチ数の小宇宙》，日本評論社，ISBN：4-535-78281-4，2002 年日文版。

書中從初級內容到專業定理，集結了費氏數列的魅力。

[10] 宮腰忠，《高校数学＋α：基礎と論理の物語》，共立出版，ISBN：978-4-320-01768-9，2004 年日文版。

精華收錄從高中數學到部分大學數學的知識，可在網站閱讀書籍內容。http：//www.h6.dion.ne.jp/sbook_a/

[11] 栗田哲也、福田邦彥、坪田三千雄，《マスター・オブ・場合の数》，東京出版，ISBN：4-88742-028-5，1999 年日文版。

講解情況數的高中參考書，也收錄多題關於卡塔蘭數 C_n 的趣味問題。本書《數學女孩》第 7 章中，道路到達方法的卡塔蘭數一般項，其求法就是參考本書。

[12] 志賀浩二，《数学が育っていく物語 1 極限の深み》，岩波書店，ISBN：4-00-007911-5，1994 年日文版。

> 解說數列、極限與冪級數的書籍。除了閱讀數學式之外，也可透過師生對話學習背後的知識，頁數不多但內容相當有深度。

[13] 奧村晴彥等，《Java によるアルゴリズム事典》，技術評論社，ISBN：4-7741-1729-3，2003 年日文版。

> 以程設語言 Java 實作各種運算法的百科辭典。本書《數學女孩》求分拆數的遞迴關係式，就是參考此書。

[14] William Dunham，黑川信重＋若山正人＋百々谷哲也譯，《歐拉入門》（*Euler, The Master of Us All 3P*），Springer Verlag 東京，ISBN：4-431-71079- 5，2004 年日文版。

> 本書收錄歐拉在各數學領域的成就，戲劇化描述歐拉給出獨特思維的模樣。本書《數學女孩》特別參考了該書的第 3 章〈歐拉與無窮級數〉與第 4 章〈歐拉與解析數論〉。

[15] 小林昭七，《なっとくするオイラーとフェルマー》，講談社，ISBN：4-06- 154537-X，2003 年日文版。

> 本書集結了許多有趣的數論話題，除了歐拉最初的證明之外，還有解說求 $\zeta(2)$ 之值的方法。

[16] George E. Andrews, Kimmo Eriksson，佐藤文廣譯，《整數的分拆》（*Integer Partitions*），數學書房，ISBN：4-8269-3103-4，2006 年日文版。

> 以分拆數為主題的書籍（封面作者寫成 George W. Andrews，但這是 George E. Andrews 的誤植)。身為整數分拆領域中的權威，作者詳盡解說從分拆數的入門到最

331

新資訊。另外，卷末附錄簡潔統整了無窮級數與無限乘積的收斂。本書《數學女孩》第 10 章中，米爾迦利用費氏數列證明分拆數的上限，就是參考此書 p. 29 的定理 3.1 證明。

[17] 黑川信重，《オイラー、リーマン、ラマヌジャン》，岩波書店，ISBN：4-00-007466-0，2006 年日文版。

以歐拉、黎曼、拉馬努金（Srinivasa Ramanujan）三人為主題，講述ζ世界中的神奇性質。

[18] 吉田武，《オイラーの贈物》，筑摩學藝文庫，ISBN：978-4- 486-01863-6，2010 年日文版。

為了理解一條數學式 $e^{i\pi} = -1$，從數學基礎開始學習的書籍，是罕見出現許多數學式的文庫本。

[19] 吉田武，《虚数の情緒ー中学生からの全方位独学法》，東海大學出版會，ISBN：4-486-01485-5，2000 年日文版。

以數學與物理為中心，不吝惜從基礎動手運算積極學習的名作，內容極富有趣味性。《數學女孩》第 2 章的方程式與恆等式話題，就是參考本書。

大學生層次

[20] 金谷健一，《これなら分かる応用数学教室ー最小二乗法からウェーブレットまで》，共立出版，ISBN：4-320-01738-2，2003 年日文版。

學習從高中程度到解析中需要用到的數學，教科書中各處的師生對話有助於理解內容。《數學女孩》中的羅馬文字與希臘文字，就是參考本書。

[21] Ronald L. Graham, Donald E. Knuth, Oren Patashnik，有澤誠＋安村通晃＋萩野達也＋石畑清譯，《具體數學》（*Concrete Mathematics*），共立出版，ISBN：4-320-02668-3，1993 年日文版。

　　　　以求和為主題的離散數學書籍。本書《數學女孩》的 D 及 Δ 運算子、遞降階乘、數列的卷積、生成函數求數列一般項的方法等，皆是參考此書。另外，許多《數學女孩》收錄的題材，在此書有更詳盡的解說。

[22] Donald E. Knuth，有澤誠等譯，《電腦程式設計藝術 第 1 冊 基礎演算法 第 3 版》（*The Art of Computer Programming Volume 1 Fundamental Algorithms Third Edition*），ASCII 股份有限公司，ISBN：4-7561-4411-X，2004 年日文版。

　　　　譽為「演算法的聖經」、具有歷史性的教科書。在 1.2.8 節中，介紹尋找閉合式的有效工具——生成函數；在第 2.3.2 節中，介紹處理微分數學式的方法。其他還有調和數、二項式定理、和的計算等等，收錄了許多與《數學女孩》息息相關的主題。

[23] Donald E. Knuth，《電腦程式設計藝術 第 4 冊 第 3 分冊：生成所有組合與分拆》（*The Art of Computer Programming Volume 4, Fascicle 3: Generating All Combinations And Partitions*），Addison-Wesley，ISBN：0-201-85394-9，2005 年。

　　　　介紹組合與分拆相關的各種運算法，並以數學的角度進行解析的書籍。《數學女孩》參考 7.2.1.4〈Generating all partitions〉這節，尤其〈The number of partitions〉這一小節（p. 41）。

[24] Jir'i Matousek, Jaroslav Nesetril，根上生也＋中本敦浩譯，

《前往離散數學的招待（下）》（*Invitation to Discrete Mathematics*），Springer Verlag 東京，ISBN：4-431-70897-9，2002 年日文版。

本書網羅了離散數學相關的趣味問題。在《數學女孩》第 10 章中，米爾迦求得更好的上限，就是參考本書定理 10.7.2 的證明（p. 129）。

[25] Leonhard Euler，高瀨正仁譯，《歐拉的無限解析》（*Introductio in analysin infinitorum*），海鳴社，ISBN：4-87525-202-1，2001 年日文版。

李昂哈德・歐拉自己撰寫的無窮級數書籍。能夠透過歐拉的文章，體會自由運用無限乘積與無限相加的計算樂趣。書中也有出現歐拉發明的表記方式 e 與 π，歐拉運用具體數學式俐落計算的模樣，穿越時空，生動地在我們眼前展現其思維。

研究生、專業者層次

[26] Richard P. Stanley，《Enumerative Combinatorics》，Volume 1，ISBN：0-521-66351-2，1997 年英文版。

關於組合數學的教科書。

[27] Richard P. Stanley，《Enumurative Combinatorics》，Volume 2，ISBN：0-521-78987-7，1999 年英文版。

關於組合數學的教科書。尤其適合卡塔蘭數愛好者（Catalania），書中收錄許多卡塔蘭數的運用實例（pp.219-229）。

[28] 松元耕二，《リーマンのゼータ関数》，朝倉書店，

ISBN：4-254- 11731-0，2005 年日文版。

　　　書中講解黎曼的 ζ 函數。《數學女孩》參考其中 14 世紀法國的尼克爾・奧里斯姆（Nicole Oresme）的調和級數發散的證明，以及歐拉的 $\zeta(\sigma)$ 無限乘積表示與質數無限性的證明。

[29] 黑川信重，《ゼータ研究所だより》，日本評論社，ISBN：4-535-783344-6，2002 年日文版。

　　　介紹關於 ζ 各種主題的書籍。本來應該是艱深的數學話題，但實際讀起來卻充滿奇幻性，讀完令人神清氣爽的奇妙讀物。

[30] Hans Rademacher，〈A Convergent Series for the Partition Function p(n)〉，Proc. London Math. Soc. 43，pp. 241-254，1937 年英文版。

　　　有關分拆數的一般項 P_n 論文。

網頁

[31] http://www.research.att.com/jas/sequences/，Neil J. A. Sloane，〈The On-Line Encyclopedia of Integer Sequences〉。

　　　數列的百科辭典。輸入幾個數後，會顯示與這些數相關的數列。

[32] http://scienceworld.wolfram.com/biography/Euler.html

　　　簡單介紹歐拉的網頁。米爾迦提到有關歐拉的台詞，是引用此網頁的文句翻譯。

　　　　　"He calculated just as men breathe, as eagles sustain themselves in the air."（他計算起來輕鬆自如，就

像人們呼吸、老鷹在空中飛翔）（by Francois Arago）

"Read Euler, read Euler, he is our master in every-thing."（必讀歐拉、必讀歐拉，他是我們全方面的領袖）（by Pierre Laplace）

[33] http://www.gakushuin.ac.jp/81791/mathbook/，田崎晴明，《数学：物理を学楽びしむために》。

為學習物理人所寫的數學教科書，以 PDF 檔的形式公開在網頁上。《數學女孩》參考了當中以相聲形式說明的收斂議題。

[34] http://mathworld.wolfram.com/CatalanNumher.html，Eric W. Weisste in et al.，〈"Catalan Number." From Math World——A Wolf ram Web Resource.〉

關於卡塔蘭數的網頁，介紹了遞迴關係式與二項式係數的關係、出現卡塔蘭數的例子。

[35] http://mathworld.wolfram.com/Convolution.html，Eric W. Weisstein，〈"Convolution." From Math World——A Wolfram Web Resource.〉

網頁介紹關於積分形式的卷積。

[36] http://www.hyuki.com/girl/，結城浩，《數學女孩》。

網羅有關數學與女孩的讀物網頁，提供『數學女孩』的最新情報。

我們因為喜歡而學習，
不需等待老師也不必等到上課，
可以自己尋找書本來閱讀，
學得更深、更廣、更進一步。
——《數學女孩》

索引

國家圖書館出版品預行編目（CIP）資料

數學女孩／結城浩作；衛宮紘譯. -- 初
　版. -- 新北市：世茂出版有限公司，
　2021.10
　　面；　公分. --（數學館；40）
　ISBN 978-986-5408-57-2（平裝）

1.數學　2.通俗作品

310　　　　　　　　　　　　　　10007736

數學館 40

數學女孩

作　　　者／結城浩
譯　　　者／衛宮紘
主　　　編／楊鈺儀
責任編輯／陳文君、陳美靜
封面設計／LEE
出 版 者／世茂出版有限公司
負 責 人／簡泰雄
地　　　址／（231）新北市新店區民生路 19 號 5 樓
電　　　話／（02）2218-3277
傳　　　真／（02）2218-3239（訂書專線）
劃撥帳號／19911841
戶　　　名／世茂出版有限公司　　單次郵購總金額未滿 500 元（含），請加 80 元掛號費
酷 書 網／www.coolbooks.com.tw
排版製版／辰皓國際出版製作有限公司
印　　　刷／世和彩色印刷股份有限公司
初版一刷／2021 年 10 月
　二刷／2024 年 6 月

I S B N ／ 978-986-5408-57-2
定　　　價／420 元

SUGAKU GIRL
Copyright © 2007 Hiroshi Yuki
Original Japanese edition published in 2007 by SB Creative Corp.
Chinese translation rights in complex characters arranged with SB Creative Corp., Tokyo
 through Japan UNI Agency, Inc., Tokyo and Future View Technology Ltd., Taipei

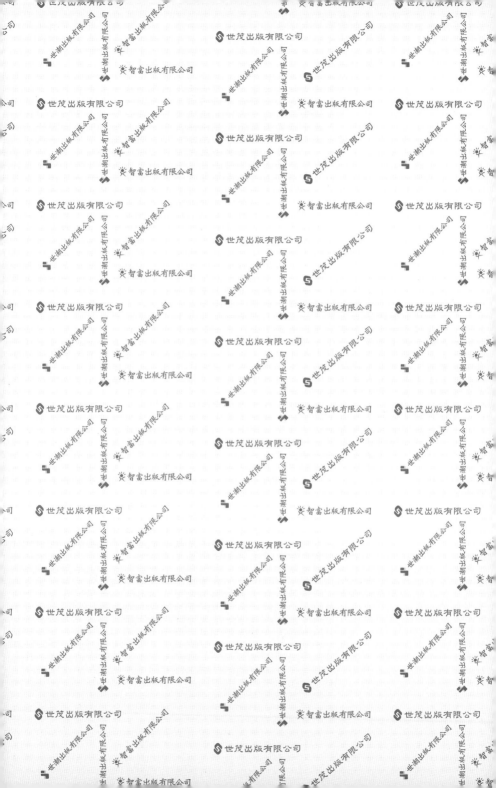